주한미군 허브

평택의 캠프 험프리스와 오산 에어 베이스

주한미군 평택시대
평택 인근 대한민국 군사 기지 제대로 알기

주한미군 허브

평택의 캠프 험프리스와 오산 에어 베이스

유범동 · 장승재

밥북

유범동

-1956년 경기도 평택에서 출생
-국립공주대학교 일반대학원 유통마케팅학과 경영학 박사
-성균관대학교 경영행정대학원 기업경영전공 경영학 석사
-성균관대학교 경영대학원 부동산학전공 경영학 석사
-미 육군 인사교육센터 노사관리관 과정 졸업
-미 국방 정보학교(Defense Information School: DINFOS) 공보관 과정 졸업

〈경력〉
오이지 영어연구소장, 남서울대학교 교양학과 겸임교수, '지호락' 행복연구소장

〈저서·논문〉
『오이지영어(와쓰매리유)』, 『돈 버는 SNS 마케팅』(공저)
주한미군의 평택 이전에 따른 지역사회의 상생발전에 관한 연구(박사)
주한미군의 주택문제 개선방안에 관한 연구(석사)
산업용 로보트에 의한 자동화가 기업에 미치는 영향에 관한 고찰(석사)

〈수상〉
경기도지사, 평택시장, 국회의원 등 표창장 다수. 미육군 우수대외협력관계상 2회(개인, 특별프로그램 부문), 미육군 지역우호협력상, 기지사령관 등 우수업무 표창 다수.

[현재]
문화포럼 벽우당 대표, 평택문화원 이사, 평택시 협치회의 문화확산위원회 위원장, 21기 민주평화통일자문회의 자문위원, 미육군 험프리스 수비대/기지사령부 수석공보관, 미육군협회(AUSA) 평생회원

장승재

-1957년 경기도 평택에서 출생
-한양대행정대학원에서 한국전쟁과 판문점 논문으로 최우수 논문 석사학위
-중앙대 사회복지대학원 지역사회개발 전공 수료

〈경력〉
한국관광공사, 경기도·강원도·행정안전부 DMZ정책자문위원, 민주평통 15기·18기 자문위원, 김포시 정책자문위원, 통일교육위원, 신한대학교 산학협력중점교수·겸임교수 역임

〈저서·논문〉
『판문점 리포트』, 『위대한 한국인 암행어사 박문수』, 『DMZ관광과 판문점투어의 전망대』, 『암행어사 박문수의 고향-평택관광을 생각한다』
한국전쟁과 판문점 역할에 관하여, 남북관광사업의 새로운 상품개발 대안-DMZ 평화벨트 동서횡단투어를 중심으로, 암행어사 박문수의 문화콘텐츠와 탐방 프로그램화

〈수상〉
국무총리 표창장, 경기도지사 표창장 2회, 강원도지사 표창장, 한국관광공사사장 표창장 3회 등 다수

[현재]
대진대학교 특임교수, DMZ관광(주) 대표이사, DMZ문화원장, 사)한국생태관광협회 이사, 양구군 홍보대사, 암행어사박문수문화관장, 평택시 협치위원, 민주평통 21기 자문위원

책을 내며

2017년 서울 용산에 있던 미8군 사령부가 캠프 험프리스로 이전하였고, 2018년에는 주한미군사령부, 유엔군사령부, 미2사단 본부 등이, 2021년에는 한미연합사령부가 이전을 완료하였다. 이에 따라 명실공히 '주한미군 평택시대'를 시작하게 되었다.

2023년은 대한민국 미합중국이 동맹을 맺은 지 70주년이 되는 매우 의미가 깊은 한 해였다. 20여 년간의 지리한 시행 끝에 주한미군 이전사업은 실질적으로 마무리 되었고, 이제 마무리 공사만 남아있을 뿐이다. 그동안, 군사 기지 이전과 관련해서 반대와 찬성으로 의견이 나뉘어서 많은 대립과 갈등을 빚어왔다.

이제는 지난 과거의 문제를 넘어서 향후 발전적인 논의를 시작해야 할 때이다. 정권이 바뀔 때마다, 반미데모가 극심했다가 조금 잠잠했다가 하기를 반복한 지 수십 년이 지났다.

평택에는 2개의 미군기지가 있다. 캠프 험프리스는 일본 해군이 건설한 평택항공기지시설을 승계하여 사용했고 오산공군기지는 처음부터 항공작전을 수행하기 위해 미군이 계획적으로 건설했다. 캠프 험프리스와 오산공군기지 등 평택지역 미군 기지 면적은 평택시 전체 면적의 약 6%를 차지하고 있다. 평택은 캠프 험프리스 육군기지와 오산공군기지가 1950년 6월 25일 북의 남침전쟁 이후로 존치됐다. 2004년부터 2023년 지금까지 주한미군의 평택으로 이전사업(LPP/YRP)이 진행되면서 그 규모가 확장되어 캠프 험프리스의 경우 판교 신도시의 1.6배, 여의도 면적의 5.5배로 미육군의 해외기지 중 최대규모(435만 평)를 자랑하게 되었다. 고덕신도시의 면적이 526만 평(택지 406만 평, 산업단지 120만 평)이니 고덕신도시 면적의 약 80%를 웃돈다. 하나의 신도시가 평택 내에 새로 탄생한 것이다.

여기에 대한민국 해군 2함대가 서부지역 포승읍에 있고 북쪽으로 대한민국 공군작전사령부와 미7공군사령부가 있고 인근 화성시에는 대한민국 해병대사령부와 육군보병53사령부가 자리하고 있다. 아울러 우리나라 굴지의 세계적 기업 삼성전자와 엘지전자가 입주해 있고 동북아 종합물류 거점이자 경기도 유일 항구인 평택 무역항이 있다. 평택은 그야말로 주한미군과 함께 대한민국의 육·해·공군이 공존하는 평화 안보와 경제의 중심지이다.

평택에서 태어나 주한미군을 보고 자란 필자의 입장에서는 이러한 미군 부대의 존재감도 크게 인식함과 함께 여러 각도에서 무거운 책임감을 갖게 한다. 즉 고향 땅 평택 하면 주한미군으로 머리에 떠오른다. 이제 주한미군의 존재를 인정하고 지역 간 상생을 모색해야 할 때이다. 그렇게 함으로써 대한민국 안보의 근간인 한미동맹을 자연스럽게 강화할 수 있고, 국가안보를 튼튼히 할 수 있기 때문이다.

필자가 이 책을 쓰게 된 동기는 6·25 한국전쟁과 평택과 주한미군, 한미군사협력관계, 평택 미군기지의 역사(캠프 험프리스, 오산 공군기지), 평택 인근의 대한민국 군사 기지 등을 제대로 알기 위함이다. 이는 오롯이 국내의 정치적 상황과 북한의 미사일 도발, 그리고 해외에서의 급변하는 정세 속에서 대한민국의 안보를 위해 주한미군이 필수불가결한 요소임을 일깨우고자 하기 때문이다.

이 책은 총 8장, 부록으로 구성되었다.

제1장은 주한미군이 주둔한 평택은 세계의 중심이란 주제로 평택의 역사적인 격전지, 한국전쟁과 평택, 주한미군의 역사, 주한미군 재배치, 주한미군 평택 이전 과정, 한미 간 평택지역 상생 관련을 다뤘다. 제2장은 한미 군사협력관계로 한미동맹의 역사, 주한미군의 변천사, 한미 군사관계의 변천, 주한미군의 안보적 역할, 주한미군의 가치, 주한미군의 지휘체계, 주한미군에 대한 북한의 속마음을 알아보았다.

제3장은 한국 내 주한미군기지를 알아보고, 4장은 캠프 험프리스 역사, 험프리스 내 주둔 주요부대, 험프리스 외 주둔 주요부대 등 캠프 험프리스 현황을 집중적으로 알아보았으며, 5장은 오산 에어 베이스(K-55, 송탄) 관련 역사, 오산 에어 베이스 내 주둔 주요부대, 오산 에어 베이스 외 주둔 주요부대 등 오산 에어 베이스 현황을 알아보았다.

제6장에서는 주한미군 이모저모로 미군의 중추 하사관, 미군의 호칭, 주한미군의 장군, 주한미군 속의 한국인, 캠프 험프리스 내 평화안보투어 등을 알아보고, 제7장은 한국전쟁 당시 미군 장성의 노블레스 오블리주 정신을 조명하며, 한국전쟁 미국군 참전비, 재한유엔기념공원과 유엔군 화장장, 평택 인근 주한미군 및 유엔군 기념비, 한국전쟁과 더글러스 맥아더 장군, 워커 장군과 워커힐호텔을 다루었다.

마지막 제8장에서는 평택과 인근 대한민국의 군사 기지로 평택의 안보 전략적 가치를 살펴보며, 대한민국 공군작전사령부, 대한민국 해군 2함대사령부, 육군보병51사단(전승부대), 육군보병55사단, 대한민국 해병대사령부, 수원공군기지, 육군보병32사단과 공군(천안/아산/당진) 등 평택시를 중심으로 주변 군부대 현황을 알아보았다.

총 8장의 본문과 함께 부록으로 우리가 주한미군을 이해하는 데 필요한 '한미상호방위조약 전문', '주한미주둔군지위협정 전문', '대한민국 국방부와 미합중국 국방부 간 결의: 전시작전통제권 전환 이후 연합방위지침' 등 세 가지의 전문을 첨부했다.

필자는 우리나라 대표적인 평화안보도시 평택이 고향이란 사실을 매우 자랑스럽게 생각한다. 따라서 평택시가 주한미군과 상생하는 세계적인 평화 안보 및 경제도시와 함께 역사·문화·관광의 멀티도시로 태어나길 간절히 소망한다.

최근 북의 핵 개발에 이어 정찰위성 발사, 극초음속미사일 발사 등 심각한 안보위기 상황에서 현실적으로 한미동맹을 기반으로 한 한미일 삼각동맹이 매우 중요한 상황이다. 핵에는 핵으로 대응할 수밖에 없기에 우리도 핵무장을 해야 한다는 여론도 비등하다. 이에 이 책자를 통해 평택시와 함께 주한미군을 조금이나마 이해하고, 한미동맹의 중요성을 깨닫는 데 도움이 된다면 더없는 기쁨과 영광으로 생각한다.

2024. 3.

유범동, 장승재

차례

Ⅲ. 대한민국 내 주한미군기지

Ⅳ. 캠프 험프리스 (K-6, USAG Humphreys)

Ⅴ. 오산 에어 베이스 (K-55, Osan Air Base)

Ⅵ. 주한미군 이모저모

Ⅶ. 노블레스 오블리주 정신을 실천한 주한미군

Ⅷ. 평택 및 인근의 대한민국 군부대

I

평택과 주한미군

1. 평택은 세계의 중심

평택시는 위도상 현덕면 권관리 북위 36° 54′와 진위면 동천리 37° 08′, 경도상 동경 포승읍 원정리 126° 46′과 용이동 127° 09′에 걸쳐 한반도의 중서부, 경기도 남서부에 있다. 동서 간 33.38㎞, 남북 간 26.94㎞, 거리이며 서울로부터 76㎞, 대전에서 94㎞, 부산에서 383㎞, 광주에서 259㎞ 떨어져 있다.

평택시는 동은 안성시 공도읍, 용인시 처인구 남사면과 서는 서해안 아산만과 접하고 있다. 남쪽은 충남 당진시 송악면, 아산시 둔포면, 천안시 성환읍과 접하고 있고 북쪽은 화성시 양남면, 오산시 갈곶동과 접하고 있다.

경기도 최남단 지역으로 24.5km의 해안선에 접하여 있는 평야지로 높은 산이 없어서 서해안 쪽에서 오는 기후의 영향을 많이 받고 있다. 면적은 458.12㎢(2015.9.30. 기준)로 경기도 전체 면적 10,167.1㎢ 중 4.5%를 차지한다. 경기도 31개 시·군중에 양평군, 가평군, 포천시, 화성시 등에 이어 11번째 면적이다.

인구는 63만4천 명(24년 1월 말 기준) 전국 15번째, 경기도 9번째고 재정자립도는 41.6%(전국 광역/기초 자치단체 중 19등)이며, 최고봉은 진위면에 소재한 202m의 무봉산과 주요 하천으로는 안성천과 진위천이 합수돼 평택호에서 서해로 흘러들어 간다.

평택은 동북아시아의 안보 측면 최고의 핵심전략 배치, 안보의 중추적 역할 담당, 자유평화 수호도시(서쪽: 중국, 북쪽: 북한, 남쪽: 일본)이다. 팽성읍 캠프 험프리스와 송탄 오산 에어 베이스 등 미군기지를 활용한 관광상품의 개발을 구상하고 있다. 시각을 조금만 달리하면 모든 장소가 관광자원이 될 수 있다. 평택시민이 미군기지 등에서 파생된 현대사의 아픔을 당당히 극복하고 그곳을 새로운 시각에서 바라봤으면 한다.

평택은 대한민국 안보의 중심도시이자 세계 최대규모의 반도체 공장을 두고 있는 첨단산업 도시이다. 평택은 한반도의 자궁이며 전략적 요충지이다. 평택은 세계적인 반도체 삼성과 함께 평택항 일원은 대한민국 자유평화 수호 무역항으로 중국과 교역확대를 위한 최근접 거리 지정학적 위치이다.

평택의 미군기지는 6·25전쟁(한국전쟁) 기간 1952년부터 건설이 본격적인 계기가 되었다. 평택은 대한민국의 최고 요충지로 전 세계적인 두 개의 미군기지가 있는 군사도시다. 즉 팽성읍 안정리에는 육군 중심의 험프리스 수비대(USAG HUMPHREYS)와 송탄의 공군 중심의 오산비행장(Osan Air Base)이다. K-6 캠프 험프리스 수비대와 K-55 평택 오산 미공군기지는 평택시 전체 면적 458.12㎢ 중 5.86%에 해당하는 26.41㎢(약 798만9,025평) 규모다. 남부지역 캠프 험프리스(K-6)는 주한미군의 허브로 세계 최고의 주한미군 단일기지로 알려져 있다.

2. 평택의 역사적인 격전지

평택은 고대국가부터 오늘날 현대까지 국가의 이익이 첨예하게 부딪쳐서 나라의 운명을 좌우했던 곳이다. 삼국시대(고구려, 백제, 신라)부터 특히 안성천 일대가 전략적 요충지라 백제와 고구려가 격전이 심했다. 최후에 진위현과 중국을 가기 위한 통로인 대진항을 차지한 것이 신라이다. 조선 시대 정유재란과 청일전쟁 때는 소사뜰을 두고 청나라와 일본이 격전을 펼쳤다. 특히 암행어사 박문수가 태어난 진위현 일대는 조선 시대 최대의 난이라는 1728년 무신난(이인좌난)의 대표적인 진압 장소로 암행어사 박문수의 족적이 뚜렷이 남은 지역이다.

1894년 7월 동학농민군 진압을 명분으로 아산만을 통해 한반도에 들어온 청군과 한양을 거쳐 삼남대로를 따라 남하한 일본군은 아산만 입구 풍도와 안성천을 중심으로 소사벌 일대에서 격돌하였다. 이후 1950년 6·25전쟁(한국전쟁)이 발발하자 천안-평택-오산 벨트 형성에 따라 오산 죽미령전투에 따른 스미스 부대 작전과 평택역 오폭 사건, 대한민국 육군1군단이 평택 읍내 성동초등학교(초등학교)에서 창설되었다.

아울러 오산공군기지(Osan Air Base) 내에는 미군 스미스 부대가 중공군과 1951년 2월 7일 전투를 벌인 '총검의 전투(Battle of Hill)'가 일어났던 곳으로 총검고지(180고지) 전적지가 세워져 있다. 또한, 평택역 서부광장에는 한국전쟁 최초로 미국의 스미스 부대 참전을 기념하기 위한 '스미스 특수임무 부대를 위한 기억의 길' 탐방 표지판이 세워져 있다.

3. 한국전쟁과 평택

1) 한국전쟁과 평택의 변천

6·25전쟁(한국전쟁)은 평택에 군사 기지로 인식될 정도로 많은 변화를 일으켰다. 1950년 7월 5일 육군보병1군단(광개토부대)이 성동초등학교 교정에서 창설되었고 그해 7.3. 유엔군 소속 전투기가 평택역에 북한군 정차 오폭으로 후송 중이던 101명 사망하였고, 미군기지는 6·25전쟁(한국전쟁) 기간 1952년부터 건설이 본격적인 계기가 되었다.

필자가 1970년대 중·고 학창시절에 충혼산(덕동산) 정상에는 충혼탑이 있었고 용이동에는 한국전쟁 기간 중 유엔군 일원으로 공군 전투병과를 파견한 남아프리카공화국의 참전비가 설치돼 있다. 아울러 오산공군기지(Osan Air Base) 내에는 미군 스미스 부대가 중공군과 1951년 2월 7일 전투를 벌인 '총검의 전투(Battle of Hill)'가 일어났던 곳으로 총검고지(180고지) 전적지가 세워져 있다.

한국전쟁은 평택을 군사도시로 각인시키는 계기가 되었으며 곳곳에 한국전쟁 관련 유적이 분포하고 있다. 또한, 한때 양색시촌 등의 오명이 있었으나 이제는 명실상부하게 대한민국 최고의 평화안보도시로 자리하고 있다.

팽성읍 안정리에는 주한미군사령부와 유엔군사령부 및 한미연합군 사령부가 주둔하고 있다. 아울러 북부지역 오산베이스(K-55)가 있어 한반도 상공의 공중전을 책임지고 있는 미7공군사령부와 51전투비행단의 제25전투비행대대와 36전투비행대대가 배치된 상황이며 한반도 상공의 감시와 정찰, 정보를 책임지고 있는 제6941SR전대가 있다. 한국에서는 공군의 작전사령부와 방공관제사령부(제31중앙방공통제전대, 제1중앙방공통제소(1MCRC), 방공유도탄사령부가 있다. 서부지역은 대한민국 서해를 책임지고 있는 해군의 3개 함대 중 해군제2함대가 평택항 원정리에 배치돼 있다.

따라서 평택은 한반도의 자유평화 지키기 위해 헌신하는 수호신 역할을 하는 지대한 곳이다. 지난 2022년 11월 한미연합사령부가 평택 이전을 완료함으로써 평택은 한미동맹의 핵심도시로 평택시대가 본격적으로 개막됐다.

2) 한국전쟁과 평택전투

(1) 평택전투[1]

개요를 살펴보면, 평택전투 혹은 평택-안성 방어선 전투는 오산 전투가 개시된 1950년 7월 5일부터 7월 6일까지 미제24사단의 34연대가 평택과 안성 일대에 방어선을 구축하고 펼친 지연전으로 평택에 전개했던 1대대는 전투를 벌이며 지연전을 펼쳤지만, 안성에 전개했던 3대대는 전투 없이 천안으로 철수하였다.

1 https://namu.wiki/w/%ED%8F%89%ED%83%9D%20%EC%A0%84%ED%88%AC

전투 전의 상황은, 7월 1일 오전 3시 미 24사단 선발대인 21연대 1대대(스미스 특수임무 부대, 속칭 스미스 부대)가 부산 수영 비행장에 도착했으며, 이후 7월 4일 후속 도착한 사단의 주력이 대전으로 진출하였다.

한편 미 24사단장 윌리엄 F. 딘(William F. Dean) 소장은 스미스 부대를 오산 죽미령으로 보낼 때까지만 해도 북한군의 전력을 대수롭지 않게 여겼으며, 스미스 부대가 저들을 지연시킬 동안 34연대를 안성-평택선에 전개하면 적의 남진을 충분히 막아낼 수 있으리라 판단했다.

7월 4일 오후 미 34연대 1대대가 연대의 선발대로 먼저 대전에 도착하자, 딘 사단장은 이들에게 스미스 부대의 철수를 엄호 및 수용하라는 임무를 부여한 뒤 평택으로 먼저 올려보냈다.

7월 5일 새벽 3대대와 연대본부도 후속 도착했으며, 34연대장 제이 B. 러브리스(Lovless) 대령은 1대대는 이미 평택으로 향했다는 소식과 함께 3대대는 안성으로 보낼 것, 연대 지휘소는 성환읍에 설치할 것을 지시받는다. 그리고 병력을 전개하는 과정에서 3대대 L중대는 연대 예비로서 성환읍의 연대본부에 잔류하게 된다.

이후 페이에 중위는 서정리 부근에서 전차가 선회한 자국을 발견했고, 뒤이어 말을 탄 한국군이 남쪽으로 내려오며 "전차다! 전차! 물러가라!"를 외치는 걸 목격한다. 직후 북방 1.5km 지점에서 전차를 발견하고 로켓포를 쏘았으나 별 피해를 주지 못했고, 이 과정에서 샤드릭 일등병이 전차 기관총에 맞아 전사했다.

한편 미 24사단 내에선 오산의 스미스 부대와 계속 연락이 안 되는 것에 불안해했고 이에 딘 사단장도 이날 밤 평택의 34연대로 향했으나, 가장 가까운 아이레스 대대에서도 이들의 행방을 모르긴 매한가지였다. 게다가 적 전차가 서정리까지 왔다는 보고에 "그렇다면 스미스 애들은 어떻게 된 거지?" 하고 물었지만 그 뒤에도 아무런 소식은 들려오지 않았다.

7월 6일 오전 1시 딘 소장은 대전 지휘소로 돌아오면서 저들이 너무 앞에 있어서 전멸했다고 짐작한다. 그리고 얼마 뒤 스미스 부대의 낙오병들이 아이레스 대대로 남하하며 오산 쪽의 상황을 알려주었으며, 안성 방어선에도 52포병대대장 페리 중령이 도착함으로써 오산이 뚫렸다는 게 확실시됐다. 이에 아이레스 대대장은 부하들에게 "현 위치를 고수하되, 스미스 부대처럼 포위당해 궤멸당하진 마라"며 지침을 하달했다.

그러나 이 와중에 바스 준장은 러브리스 34연대장에게 평택의 1대대가 교전 직전이라며 연대를 천안 부근까지 철수하라고 명령했다. 비록 딘 사단장으로부터 직접 얘기를 듣지 못했고, 그것만으로 철수할 이유가 되는지 알 수 없었지만 이에 항명할 수도 없었다. 이에 러브리스 연대장은 연대 예비로 둔 L 중대에게 평택 남쪽의 고지를 점령시켜 전방 배치된 1대대의 철수를 엄호하며 함께 철수하도록 조치시킨다. 그리고는 아이레스 대대장에게도 "바스 준장께서 평택-안성선을 포기하라 하였으니, 철수 시기는 대대장이 알아서 하라"고 지시한다.

평택-천안의 전투도(1950.7.6.~8.)[2]

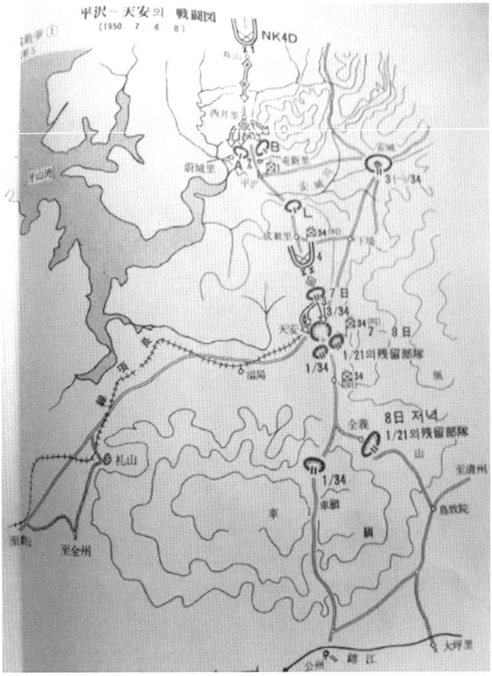

아침이 될 무렵 아이레스 1대대장은 A중대 지휘소가 있는 고지로 향했는데, 이 무렵 전차 13대가 안갯속에서 나타나 조그만 교량이 끊긴 걸 보고 멈춰 섰다. 그리고는 전차 위에 타고 있던 보병들이 하차해 도섭(물을 건너기)하기 시작했는데, 이에 아이레스 대대장은 박격포 사격을 지시한다. 그러나 포격이 제대로 이뤄지지 않아 살상하는 데 실패했으며, 전방 관측병까지 전차포 폭발로 공황상태가 되어 후속 포격도

2 미제24사단 34연대 1대대가 평택의 서정리에서 지연작전을 위한 전투 지역이 지도에 나와 있다. 현재의 위치로는 서정리 남쪽 장당 일반산업단지 앞 언덕 위에 진지를 구축했을 것으로 추측된다.

불가능했다.

오전 9시 아이레스 대대는 지휘소를 철수해 L 중대의 엄호 속에 퇴각하는 작업에 착수했다. 이후 일선 중대 모두가 평택 이남으로 내려오자 한국 교량폭파조가 평택 통복천 교량을 폭파했고, 천안으로 철수하는 과정에서 스미스 부대 잔존병들과도 합류했다.

오후 천안으로 물러난 이들은 바스 준장의 명령대로 스미스 부대 잔존병들은 국도 동쪽, 아이레스 대대는 서쪽을 맡아 방어선을 형성했고, 이 뒤로 3대대와 연대본부를 위치시켰다. 그 뒤에도 스미스 부대의 잔존병들은 계속해서 천안으로 몰려들었고, 이에 딘 사단장은 전멸한 줄 알았던 스미스 부대의 피해가 의외로 경미한 걸 파악하게 된다.

오후 4시 딘 사단장은 34연대장 러브리스 대령으로부터 "평택-안성선을 포기했다"는 보고를 수신받고 '왜 안성천을 두고 방어선을 형성하지 않았는지?' 궁금하여 짚차를 타고 63km나 떨어진 천안으로 향했다. 그리고는 "대체 누가 평택에서 철수해도 좋다 했는가?" 하며 책상을 내리쳤는데, 잠시 뒤 아이레스 1대대장이 "제가 책임을 지겠습니다"라고 말했다. 직후 딘 사단장은 이 연대를 평택으로 돌려보낼까 생각했으나 야음 속에서 기습당할 우려가 있어 러브리스 대령에게 내일 일출 후 중대 하나를 북진시키고, 별도의 명령이 있을 때까지 현 위치를 고수하라고 명령한 뒤 대전 지휘소로 돌아갔다. 바스 준장 역시 본 소속인 미 25사단으로 돌아갔으며, 그 다음 날인 7월 7일부터 천안 전투가 시작된다. 1950년 7월 7일부터 7월 9일까지 계속된 천안전투에서 제24사단 34연대 연대장인 로버트 R. 마틴 대령이 7월 8일 전사한다.

지금도 스미스 부대를 기리기 위해 7월 4일 오산 죽미령 평화공원에서 유엔군 초전기념식 및 전몰장병을 위한 추모식이 열리고 있고, 34연대장 마틴 대령과 그 장병들의 희생을 기리기 위해 7월 8일 천안 마틴공원에서 미 전몰장병 추모식을 거행하고 있다. 평택에도 분명히 한국전 전사 기록에 남아있으니, 이를 발굴하여 케네스 샤드릭 일등병과 34연대 장병들을 위한 추모비라도 세웠으면 하는 바람이다. 그는 1950년 7월 5일 오후 4시 20분 바주카 사수 보조 케네스 샤드릭(Kenneth Shadrick) 일등병으로 경기도 평택시 서정리에서 적의 기관총 사격을 받고 전사하였다. 그는 미군의 한국전쟁 첫 전사자로 공식 기록되어 있다.[3]

셰드릭(오른쪽)이 사망하기 바로 직전에 찍은 사진

군복 정장 사진

자료: 케네스 R. 셰드릭 - 위키백과, 우리 모두의 백과사전(wikipedia.org)

3 사료열람 | 국사편찬위원회 - 전자사료관[Archives of Korean History]

(2) Hill 180전투[4]

이 전투는 1951년 2월 7일 썬더볼트 작전 중 E중대가 오산 인근에 있을 때 발생했다. 병사들은 180고지 꼭대기에 신을 치고 있던 중공군의 기관총 사격을 받았다.

제2차 세계대전 중 전장에서 임무를 수행한 참전용사인 루이스 밀레트 대위는 E. 밀레트 중대를 지휘한 적이 있는데, 이전에 미군이 근접 전투를 원하지 않는다고 주장하는 적의 보고서 번역본을 읽은 적이 있다. 그는 E중대가 이것이 틀렸다는 것을 증명할 것이라고 결정했다.

적의 맹렬한 공격에 직면한 밀레트는 "총검을 장착하라. 모두 나와 함께 간다!"라고 외쳤다. 밀레트가 앞장서서 이끄는 E중대는 산을 뛰어 올라갔다. 때때로, 밀

레트는 병사들보다 앞장에서 너무 멀리 뛰어가서 양쪽에서 날아오는 수류탄을 피해야 했다. 이어진 치열한 백병전에서 E중대는 적을 격파하고 고지를 점령했다.

E 중대는 영웅적인 돌격으로 "Cold Steel Easy"라는 별명을 얻었고, Lewis Millett은 용감한 전장 리더십으로 미국 최고의 군사 영예인 명예훈장을 받았다.

1년 후 언덕 주변에 오산 공군기지가 건설됐다. 오늘날 180고지는

4 https://www.pacom.mil/Media/News/News-Article-View/Article/1795086/korean-war-battle-of-bayonet-hill/에서 발췌
Hill 180 battle exemplifies U.S. Army's Pacific legacy | Article | The United States Army 참조

'총검 언덕'이라고 불리며 밀레트 로드는 제7공군과 제51전투비행단이 있는 기지의 언덕을 따라 이어진다. 돌격 중 부상을 입었지만 밀레트는 베트남 전쟁에서 뛰어난 활약을 펼쳤고 미 육군에서 대령으로 은퇴했다. 밀레트의 총검이 하와이에 있는 스코필드 막사 바깥에 전시되어 있으며, 일명 '울프하운드'라고 불리는 제27보병연대 제1대대 사령관인 찰스 버그먼 미 육군 중령의 사무실이 있는 곳이다. 이 밀레트 대위의 용맹함을 기리기 위해 캠프 험프리스의 안정리 게이트를 밀레트 게이트로 명명하였다.

4. 주한미군의 역사[5]

제2차 세계대전이 끝난 1945년 8월 15일, 일본이 패망하자 북한은 구소련군이, 남한은 미군이 일본군의 무장해제를 위해 진주하게 되었다. 1945년 9월 8일 미국은 주한미군사령부를 남한에 설치하여 미·군정을 실시함으로써 주한미군의 역사가 시작되었다고 볼 수 있다. 주한미군사령부는 3년 후인 1948년 8월 15일 대한민국 정부가 정식으로 수립될 때까지 남한에서 미·군정을 실시하였다. 이에 따라 미 국무부는 대한민국 정부수립과 함께 1948년 말까지 주한미군을 철수하기로 결정하고 1948년 9월 15일부터 1949년 6월 30일까지 철수를 완료했다.

그러나, 1950년 1월 12일 대한민국을 미국의 해양방위선에서 제외시킨 애치슨라인이 선포되자, 1950년 6월 25일 구소련과 중공의 사주를 받은 북의 기습 남침으로 인해 6.25 전쟁이 발발하자 이승만 대통령은 미국에 도움을 요청했고, 미군은 북의 남침 저지를 위한 유엔군 병력의 일부로 대한민국에 다시 파병되었다. 1950년 7월 7일 유엔군사령부가 설치되었고 7월 12일 이승만 대통령은 남한군의 지휘권을 유

5 유범동(2022), 주한미군의 평택 이전에 따른 지역사회의 상생발전에 관한 연구, p8 참조 작성.

엔군사령관에게 넘겼다. 1953년 7월 27일 유엔군, 북한 인민군, 중공군 대표가 휴전협정에 서명함으로써 현재까지 남북한은 휴전상태가 지속되고 있다.

남한 대표가 휴전협정 서명에 빠진 이유는 당시 초대 대통령이었던 이승만 대통령이 통일을 주장하며 끝까지 거부했기 때문이다. 휴전협정 발효 이후 1953년 10월 1일 체결된 「한미상호방위조약」과 그 1년 후에 발효된 「한미합의의사록」에 근거하여 주한미군사령부가 현재까지 남한에 주둔하고 있다. 이와 함께 유엔군사령부와 연합군사령부도 잔존하고 있는데 이 사령부들은 현재 평택 캠프 험프리스에 위치해 있다.

애치슨 라인: 1950년 1월 12일 선포

(자료-나무위키)

5. 주한미군의 재배치

주한미군의 재배치는 미군의 세계적 재배치전략의 대두, 아시아 지역에서의 잦은 분쟁, 9·11사태 이후 안보환경의 변화, 그리고 국내정세의 변화에 따라서 논의가 시작되었다. 처음에는 한국의 요구로 용산기지 이전사업(YRP: Yongsan Relocation Plan)이 시작되었고, 나중에는 미국의 요구로 미국의 군사적 혁신을 위한 군 재배치전략에 기인한다.

이에 따라 동두천, 의정부 및 기타 산재해 있는 소규모 기지를 통합하여 평택으로의 이전사업(LPP: Land Partnership Plan)이 이루어지게 되었는데 이는 결국 양국의 이해관계가 맞물려 상호 합의에 의해 이루어진 것으로 볼 수 있다.

즉, 한국은 정치적, 사회적 요구에 의해, 그리고 미국은 군사적 필요에 의해 이전 합의에 이르게 된 것이다.

6. 주한미군 평택 이전 과정[6]

전 세계적 테러와의 전쟁, 군 재배치, 그리고 전 세계적 방위태세점검 개념들은 주한미군에 첫 번째로 적용되었는데, 이는 지리적 위치, 동아시아에서의 전략적 중요성, 그리고 주한미군의 재래식의 무기체계에 기인한다. 지리적 위치는 비행장과 항구가 갖추어진 장소가 필수적이었는데, 이는 '신속기동군화' 된 군대를 세계의 분쟁지역으로 신속히 이동시켜 작전을 수행하기 위한 필수적 요건이 된다.

이런 점에서 볼 때, 평택은 최적의 장소이며, 주한미군의 평택으로의 이전에 대한 당위성을 엿볼 수 있다. 이전계획은 크게 용산기지 이전계획(YRP: Yongsan Relocation Plan)과 연합토지관리계획(LPP: Land Partnership Plan)으로 나뉘어서 추진되어왔다.

1) 용산기지 이전계획(YRP: Yongsan Relocation Plan)

용산기지 이전계획(YRP)은 수도권 지역으로부터 대부분의 미군 전력 및 유엔군사령부 본부의 활동들을 이동시키기 위한 것이며 주한미군사령부와 미8군 사령부 및 부대들을 서울에서 험프리스 기지 및 다

6 유범동(2022), 주한미군의 평택 이전에 따른 지역사회의 상생발전에 관한 연구, p20 참조 작성.

른 지역들로 이동시키는 계획이다.

2) 연합토지관리계획(LPP: Land Partnership Plan)

연합토지관리계획(LPP)은 전국에 산재한 주한미군의 군사시설을 통폐합하고 불필요한 시설과 토지는 반환함으로써 주한미군 및 한미 양 국군의 시설을 효율적으로 유지 관리하는 방안을 모색하기 위한 것이다. 또한 주한미군을 통합하며 서울 밖으로 이동시키기 위한 것으로 부대들을 1 지역(의정부, 동두천)에서 험프리스 기지 및 기타 여러 부대통합지역으로 이동시키는 계획이다.

주한미군의 평택 이전 과정을 연도별로 정리하면 다음과 같다.

-1987년 말 노태우 대통령 후보, 용산미군기지 이전을 공약으로 제시
-1990.06. 용산기지 이전 한미 기본합의서 및 양해각서 1996년까지 평택 이전
-1991.07. 용산미군기지 평택 이전 공식발표
-2001.07. 국방부, 주한미군사령부가 제안한 연합토지관리계획 검토 협의 발표
-2002.03. 연합토지관리계획(LPP) 협정체결
-2002.10. 용산기지이전계획(YRP) 합의
-2003.05. 한미정상회담(노무현-부시)에서 용산기지 이전 및 미2사단 재배치 합의

-2004. 연합토지관리계획(LPP) 개정협정

-2004.01. 제6차 FOTA 유엔사/연합사를 포함한 용산기지 전체 이전 합의

-2004.12. 용산기지 이전협정 및 LPP개정협정 국회 비준

-2004. 용산기지이전(YRP) 협정체결

-2005~06. 이전 반대 반미 데모

-2005.05. 주한미군의 캠프 험피리스 이전 선발대 개소식

-2006.11. 부지조성공사

-2007.03. 용산/2사단 및 주한미군 주요기지 평택 이전 합의

-2007.01. 평택미군기지 이전 기공식

-2010.10. 대추리 주민들 노와리에 조성된 마을 입주식

-2011.06. 평택지원특별법 일부개정안 국회통과(2014.~2018.)

-2017.03. 평택지원특별법 일부개정안 국회통과(2019.~2022.)

-2017.07. 미8군사령부 이전

-2018.06. 주한미군사령부 개청식

-2018.10. 미2사단 사령부 이전

-2019.06. 한미연합사 평택 이전 합의

-2022.11. 한미연합사, 유엔사 평택 이전 완료

7. 한미 간 지역 발전을 위한 상생[7]

주한미군과 한국지역사회와의 상생발전에 관한 연구에서 도출된 요소를 정리하면 다음과 같다.

1) 지역 간 상생발전 일반적인 요소

① 리더십(지방자치단체장)

② 참여(지역사회 구성원)

③ 사회적 자본(신뢰, 상호규범, 사회연결망)

④ 문제해결능력

⑤ 자원동원능력

⑥ 중앙정부지원

⑦ 상생협력활동(협력적거버넌스와 상호교류활동)

2) 한미 간 상생발전 요소

① 리더십(지방자치단체장)

② 참여(지역사회 구성원)

7 유범동(2022), 주한미군의 평택 이전에 따른 지역사회의 상생발전에 관한 연구, pp183-189, pp232-240 참조 요약정리.

③ 신뢰(사회적 자본)

④ 문제해결능력

⑤ 중앙정부지원

⑥ 상생협력활동(협력적거버넌스와 상호교류활동)

3) 향후 한미 상생발전 방안

상생발전요인과 관련하여, 평택시 지역사회에서 그동안 논의되어 온, 향후 한·미 상생발전 방안은 다음과 같이 10개로 요약할 수 있다. 크게는 1), 2)의 요인과 같고 지역적으로는 다음과 같이 세부적인 사항이 거론됐다.

① 전략적, 협력적 거버넌스

② 교류협력 기회의 확대

③ 호혜적 이해관계 창출

④ 평택시의 한·미 관계 조직과 기구의 보강

⑤ 법과 제도의 개선

⑥ 주한미군의 정보공유 및 개방확대

⑦ 상생적 자립적 지역경제 활성화

⑧ 피해 관련 민원 구제의 제도화(민·관·군 협력체계)

⑨ 재해, 재난 발생 시 대응 방안의 법제화를 위한 한미행정협정의 개정

⑩ 국비지원을 통한 지역사회 정책개발의 지원

4) 상생발전의 방향성

상생발전의 방향성에 대해서는 목적의식, 중앙정부의 지원, 리더십의 지원, 공동체 의식 및 목표 강화, 구성원들의 참여 및 뒷받침, 협력적 거버넌스, 상생협력활동 등에 중점을 두고 주한미군을 둘러싼 지역사회 및 지방자치단체와의 상생협력을 확대해야 한다. 그 세부 내용을 정리하면 다음과 같다.

① 상생발전을 위한 목적의식의 제고가 필요하다.

② 양 지역사회의 리더십이 상생협력에 대한 이해와 지원을 하는 한편, 중앙정부의 지속적인 지원을 이끌어내야 한다.

③ 양 지역사회의 리더십들은 사회구성원들이 상생협력활동에 적극적으로 참여할 수 있도록 솔선수범하고 특별한 관심을 보여줘야 한다.

④ 신뢰형성을 위해 공동체 목표 및 의식을 강화하고 참여를 활성화시켜야 한다.

⑤ 문제해결능력이 상생협력활동에 도움이 되고 상생발전성과에 긍정적으로 영향을 미치려면 협력적 거버넌스를 통한 노력이 중요하다.

⑥ 중앙정부의 지원이 지역사회 간의 상생발전에 필수적이다.

⑦ 상생협력활동이 상생발전 성과를 이루는 핵심요인이다.

⑧ 중앙정부, 평택시, 주한미군이 역할을 주도해야 하며, 양 지역사회의 구성원들의 적극적인 뒷받침이 뒤따라야 한다.

⑨ 그룹별[8] 상생발전방안의 중요도에 대한 순위는 1그룹 중앙정부지원 〉 지역협력소통신뢰 〉 협력적거버넌스의 순으로 나왔고, 2그룹과 3그룹, 그리고 1+2+3그룹은 모두 사회적 자본 〉 중앙정부지원 〉 종합협조체계 순으로 나왔다. 4그룹은 사회적 자본 〉 지역협력소통신뢰 〉 지역문제해결능력 순으로 나와서 다른 그룹과 달리 지역문제해결능력을 3순위로 꼽았다. 그룹별 1순위만 본다면, 사회적 자본 〉 중앙정부지원으로 귀결된다. 둘째, 상생발전방안 중요도를 빈도수로 1, 2, 3순위를 보면, 1그룹은 중앙정부지원 〉 지역협력소통신뢰 〉 종합협조체계의 순으로 나왔고, 2그룹, 3그룹, 그리고 1+2+3그룹은 중앙정부지원 〉 종합협조체계 〉 사회적 자본으로 나왔다. 4그룹은 중앙정부지원 〉 지역공동목표와 정체성 〉 사회적 자본의 순으로 나와서 다른 그룹과는 달리 종합협조체계보다는 지역 공동목표와 정체성을 더 중요하게 생각하는 것으로 나타났다. 따라서, 향후의 계획에서는 이를 고려한 실천적 프로그램의 설계가 필요하다.

⑩ 주한미군, 평택시, 외교부의 미군 대상 설문조사에 의해 분석된 미군 및 가족들이 한국인과 지역사회에 대한 인식이나 한국 생활에서 선호하는 사항에 대해 면밀히 검토하여, 이 사항들이 지역사회의 상생발전에 기여할 수 있는 방향으로 유도해 나가는 노력이 필요하다. 또한, 미군 자원봉사자 등 인력을 영어교육 활성화 등 지역 발전에 활용하는 방안과 이웃 지방자치단체와 공동으

---

8 〈1그룹〉: 한·미협력 관계 전문가 또는 담당관(주한미군, 외교부, 국방부, 경기도, 평택시의 공무원과 산하단체 직원, 〈2그룹〉: 평택시민, 주민, 상인, 시민/사회단체의 회원, 언론, 문화원의 관계인 등, 〈3그룹〉: 주한미군 한국인직원, 1+2+3그룹: 한국인 총합, 〈4그룹〉: 주한미군 군인과 가족 및 민간인

로 문화관광 프로그램의 개발도 적극적으로 고려해 볼 필요가 있다. '외교부'의 공동체적 마인드 형성, 곧 지역사회 공동체 의식 및 목표의 형성이 필요하고, 갈등과 민원 등 문제 해결을 위한 종합적 협력체제가 필요하다는 조사 결과와 '경기도'의 주한미군 주둔 관련 지역주민 피해지원 및 서비스와 지역경제 활성화, 전략적 거버넌스 등의 실행방안을 종합적으로 고려하여 향후 상생발전 방안을 수립해야 할 것이다.

⑪ 향후 주한미군과 관련하여 평택시와 이웃하고 있는 다른 도시들과도 시너지효과를 얻을 수 있는 분야가 있다면, 이를 매개로 상생 발전할 수 있는 방안에 대해서도 연구가 필요하다. 다시 말하면, 주한미군을 매개로, 평택시와 이웃하고 있는 인근 지역사회(아산, 천안, 당진, 안성, 오산, 화성, 동탄 등)와의 다자간 상생발전에 관한 연구도 고려해 볼 필요가 있다. 왜냐하면, 한·미지역사회의 상생발전은 궁극적으로 한·미동맹 강화의 초석이 되기 때문이다.

Ⅱ

한미 군사협력관계

1. 한미 동맹의 역사

1953년 10월 1일 한·미상호방위조약이 체결된 후 지난 70여 년 동안 한·미동맹은 한반도에서 전쟁을 억제하고 평화를 유지하는 데 결정적으로 기여했다.

년 월 일	주요 내용
1945.08.15.	제2차 세계대전 종료, 일본의 패망, 한국 광복
1945.09.08.	하지 중장 인천 통해 진주(일본군 무장해제)
1948.08.15.	대한민국 정부수립(이승만 대통령)
1948.09.15.	미군 철수 시작
1950.01.12.	미 국무장관 애치슨라인 선포(오키나와-필리핀, 한국 제외)
1950.06.25.	북괴의 남침(중공과 소련의 사주)
1950.07.07.	유엔군사령부 설치(유엔 한반도 내의 유일한 합법정부 결의)
1950.07.14.	한국 지휘권을 유엔군사령관에게 이양(이승만-맥아더)
1953.07.27.	휴전(유엔, 북한, 중공) 한국은 왜 빠졌나? 거제도 반공포로 석방)

년 월 일	주요 내용
1953.10.01.	한미상호방위조약 체결(이승만의 전략, 주한미군 인계철선)
1962.09.20.	한미주둔군지위협정(SOFA) 체결
1968.05.27.	제1차 한미국방장관회의
1971.03.27.	미군 3차 철수, 닉슨독트린에 의한 미7사단
1971. 3월 말	미2사단, 휴전선 방어 임무 한국군에 인계
1971.07.01.	한미 제1군단 창설
1977.12.31.	미군 4차 철수, 카터의 철군 정책에 의한 미2사단 일부(3,400명)
1981.03.14.	한미 제1군단을 한미연합야전사령부로 개편
1983.10.01.	한미동맹 40주년
1992.07.01.	한미연합야전사령부 해체
1992.12.01.	평시작전통제권, 한국군으로 전환
1992.12.31.	미군 5차 철수, 동아시아전략구상에 의한 미2사단 및 주한공군
1993.11.23.	한미 정부 간 방위비 분담 특별협정 체결
1993.10.01.	한미동맹 50주년
1994.12.01.	한미전략지시 제2호(94.9.)에 의거 한미연합사령부로부터 평시 작전통제권을 대한민국 합창의장에게 이양
1995.03.23.	유엔사/연합사와 한국 합참 간 평시작전권 전환에 따른 합의 체결
1995.07.27.	한미정상회담, 한국전 참전비 개막

년 월 일	주요 내용
1996.03.18.	한미 전시지원 연합운영위원회 운영내규(WCSC SOP) 합의
1997.12.09.	제29차 SCM, 미 증원전력 조기 전개 합의
1998.02.11.	한미 간 한미연합사 주요연습에 관한 양해각서 체결
1999.02.25.	한/미 방위비 특별협정 체결
2000.06.23.	한미 국방부 간 대한민국 내 미군 유해 발굴에 관한 합의 각서 체결
2001.08.09.	'01 을지포커스렌즈 연습 상호지원 및 상환 합의각서 체결
2002.03.29.	한미연합토지관리계획(LPP) 협정 체결
2003.10.01.	한미동맹 60주년
2007.11.01.	제2야전사령부를 제2작전사령부로 개칭
2014.10.30.	조건에 기초한 전작권 전환 합의
2017.06.30.	전작권의 조속한 전환에 합의(문재인-트럼프)
2018.06.29.	주한미군사령부 이전(캠프 험프리스)
2019.01.01.	지상작전사령부 창설
2021.05.21.	조건에 의한 전작권의 조속한 전환 의지 확인(문재인-바이든)
2021.12.02.	제53차 한미안보협의회회의-완전운용능력(FOC) 시험 합의
2022.05.21.	조건에 의한 전작권의 조속한 전환 의지 확인(윤석열-바이든)
2023.07.27.	정전 70주년

년 월 일	주요 내용
2023.10.01.	한미동맹 70주년(실질적 의미)

2. 한국군 작전통제권

한국군에 대한 '작전지휘권'이 유엔군사령관에게 이양된 것은 한국전쟁(6.25 전쟁) 이 한창이던 1950년 7월 17일이었다. 당시 이승만 대통령은 맥아더 유엔군사령관에게 보낸 서신에서 한국군에 대한 작전지휘권을 "현재의 적대 상태가 지속되는 동안(during the period of the continuaion of present state of hostilities) 유엔군사령관에게 위임하였다.

이렇게 이양된 작전지휘권(Operational Command)은 1954년 11월 17일 발효된 한미상호방위조약과 그 후 개정된 한미합의의사록에는 작전지휘권(Operational Command)이라는 용어로 사용되었다. 그리고 한미연합사령부가 창설된 1978년 11월부터는 연합사령관이 작전통제권을 행사해 왔는데 dl 가운데 평시(정전 시)작전통제권을 1994년 12월 1일을 기해 우리 군이 환수하였다. 이를 계기로 한국군은 평시 작전활동 전반에 관한 사항을 독자적으로 수행할 수 있게 되었다.

한국군의 평시 작전통제권 환수는 1980년 말부터 1990년대 초 탈

냉전 이후의 변화된 안보환경과 한국의 국력 신장을 바탕으로 '한국방위의 한국화' 추진에 대한 논의에서부터 비롯되었다. 대한민국 입장에서는 당시 변화하는 전략환경 속에서 북한의 군사적 위협뿐만 아니라 장기적 미래에 대비한 방위태세로 발전되어야 할 필요성이 증대되었다. 한편 미국은 기존의 쌍무적 안보관계와 전진배치 전략은 지속하되 점진적으로 미국의 역할을 주도적 역할에서 지원역할로 전환시켜 나간다는 「넌 워너 보고서」를 통한 동북아 전략 속에서 이 문제를 검토해 왔다. 이러한 배경하에 한미 군사당국자 간의 협의를 진행시켜왔고 평시 작전통제권 환수조치가 이루어진 것이다.

한미 양국은 상호 긴밀한 협의를 통하여 한국군이 평시 작전통제권을 환수하여 독자적인 작전지휘체계를 확립하면서도 전시에 대비한 연합방위체제는 조금도 약화됨이 없도록 충분한 보완조치를 강구하였다. 즉 정전 시에도 전쟁 억제기능을 수행하고 억제에 실패 시 전쟁 수행능력을 보장받을 수 있도록 '전시 연합작전계획 수립 및 발전', '연합연습 준비 및 시행', 조기경보 제공을 위한 '연합정보관리' 등과 같이 유사시 전쟁 수행과 직결된 사항은 연합사령관이 계속 유지 발전시킬 수 있도록 하였다.

3. 한·미동맹의 공헌과 역기능

1) 한·미동맹 공헌

1953년 10월 1일 한·미상호방위조약이 체결된 후 지난 70여 년 동안 한·미동맹은 한반도에서 전쟁을 어제하고 평화를 유지하는데 결정적으로 기여했다.

첫째, 한국전쟁(6·25전쟁) 당시 미군이 참전하면서 한반도에서 희생을 치르면서 공산주의 확산을 차단하고 한국에서 민주주의를 수호하는데 기여했다. 미국은 한국전쟁 시 연인원 485만여 명(유군 283만, 해군, 160만, 공군 42만)이 참전했고, 전사자 5만4,246명, 부상자 46만8,659명이 희생을 당했다.

둘째. 6·25전쟁으로 잿더미가 된 한국은 미국의 전후복구 재정 지원을 받았고 수많은 엘리트 요원이 미국에 유학해 선진학문과 과학기술을 학습하고 귀국하여 국가 발전에 기여하였다. 미군이 주둔함으로써 국방비 절약 효과가 있었고 최빈국 한국이 경제 발전을 거듭해 제2차 세계대전 이후 도움을 받은 나라에서 도움을 주는 유일한 나라로 성장할 수 있었다. 즉 한반도에서 평화가 유지한 가운데 세계 10대 경제 강국이 되는 데 절대적으로 기여했다.

셋째, 미국은 직간접 개입정책을 통해 독재정권을 견제하고 언론의 자유와 인권, 법치주의가 한국사회에 뿌리내리게 하는데 기여했다. 그 결과 평화적인 정권교체, 언론자유, 법치주의 등 사회적 신분이 상승이 가능한 역동적인 사회로 발전했다.

넷째, 군사적인 측면에서 한국군의 성장과 발전에 결정적으로 기여했다. 한국군 간부의 도미 유학 프로그램으로 미 군사교육의 연합 근무 통해 한국군 전쟁 수행 능력 제고이다. 즉 한국군 간부 미병과학교, 지휘참모대학, 각 군대학원, 국방대 등 약 1만여 명 유학 등이다. 아울러 한미연합사령부, 한미연합사단 등 합동 근무의 역할도 지대하다.

다섯째, 한미동맹은 주한미군, 연합사, 한미협의체를 통해서 전쟁 억제기능을 수행해왔다. 주한미군이 주둔함으로써 미국은 북한의 무력 남침을 미국과의 전쟁으로 간주하고 개입을 보장함으로써 전쟁 억제에 기여했다. 한 예로 한미연합 대규모 기동훈련인 팀 스피릿 훈련(1976~1993) 자체가 전쟁을 억제하는 데 중요한 기제로 작동되었다.

여섯째, 미국의 뉴프런티어 정신, 미국의 글로벌네트워크와 소프트파워 문화강국을 이용해서 역동적이고 도전적인 문명사회로 변화되었다.

2) 한미동맹의 역기능

한미동맹은 대한민국과 한국군이 발전과 성장을 거듭해 왔음에도 불구하고 미군 주도의 한미연합방위체제에서 동맹에 과도히 의존하는 안보의식, 한국군의 정체성 혼란, 군사력 운용의 자율성 제한, 전력 증강의 미국 무기 편중 강화 등 부정적인 영향을 미쳐왔다.

첫째, 미국에 너무 의존하는 일부 국민은 미국의 도움이 없으면 대한민국을 지킬 수 없으며 유사시 미국이 함께 싸우지 않으면 승리할 수 없을 것이란 안보의식은 정리돼야 할 유산이다.

둘째, 미국 주도의 연합작전과 첨단무기와 물량에 의해 승리할 수 있다는 인식을 갖게 됨에 따라 우리가 주도적으로 군사전략과 군사사상 등 의지로 무장된 싸워 이기는 군대를 육성하지 못한 한국군의 정체성의 문제이다.

셋째, 북한이 DMZ 일원 접경지역에 끊임없는 무력도발과 테러를 자행해 왔는데 우리 군은 응징보복을 못 하는 무기력한 군이 되었다. 이는 우리 군의 군사력 운용과 정전 시 유엔사 교전규칙의 비례성의 원칙 등으로 제한을 받을 수밖에 없는 구조상의 문제로 수정돼야 한다.

넷째, 미국 무기체계에 의존하는 전략증강 사업의 미국 편중 현상이다. 미국산 무기 획득은 한미 연합작전의 상호운용성 측면에서 이해가 가능하다. 향후 한반도 작전지역과 한국군 교리에 부합되는 무기체계를 지속적으로 개발해, 싸워 이길 수 있는 군대로 재무장시켜야 한다.

따라서 방산무기 개발을 위한 군사과학기술 인력 확보와 예산의 뒷받침이 절실하다.

다섯째, 70여 년 동안 주한미군이 남긴 기지촌이라는 불편한 오명 속에 주권과 인권이 무시되고 희생된 기지촌 문화이다.

4. 주한미군의 변천사[1]

주한미군(United States Forces Koreaa, USFK)은 현재 대한민국에 주둔하는 미군이다. 한미상호방위조약과 주한미군지위협정에 의해 대한민국 내에서 합법적 지위를 확보하고 있다. 주한미군을 지휘통제하는 주한미군사령부는 미국 인도-태평양사령부 예하 통합전투사령부이며, 주로 한미연합군사령부의 지휘를 받는다.

2016년 2월 19일에 주한 미해군사령부가 서울특별시 용산구에서 부산광역시 부산 해군기지로 옮겼고, 대한민국 전역에 분포하는 50여개의 미군 부대의 90% 이상이 2018년 말까지 경기도 평택시 팽성읍에 위치한 미군의 세계 최대 해외기지 캠프 험프리스로 이전할 계획이었다. 이에 따라 2017년 7월에 미국 제8군사령부가 이전하였고, 2018년 6월에 주한미군사령부가 이전하였다. 또한, 2018년 10월에 미2사단 사령부의 이전에 이어, 2019년 6월에 한미연합사 평택 이전 합의, 그리고 2022년 11월에 한미연합사, 유엔사 평택 이전을 완료함으로써, 주한미군의 평택시대가 도래했다.

---

1 위키백과 참조하여 작성

주한미군은 대한민국과 미국 간의 동맹 관계에 따라 다양한 시기에 변천해왔다. 한미동맹은 1950년 대한민국 전쟁 시기에 시작되었으며, 그 이후로 주한미군은 한반도의 안전과 안정을 도모하기 위해 지속적으로 활동해왔다. 주한미군의 규모와 임무는 시대에 따라 다르며, 지역 안보 상황의 변화에 따라 조절되기도 했다.

주한미군은 대한민국과의 연합 훈련 및 군사 협력을 통해 지역 안전을 강화하고, 대한민국군과 함께 협력하여 안보를 유지해왔으며, 주한미군은 휴전협성 이후 한반도에서의 안전과 안정을 위해 다양한 인도주의적 역할을 수행해왔다.

5. 한미 군사관계의 변천[2]

한미 군사관계는 19세기 중반 조선의 통상을 요구하던 제너럴 셔먼호 사건으로 거슬러 올라간다. 그 후 1882년 청나라의 중재로 양국 간의 조미 수호 통상 조약이 체결되면서 공식적으로 외교 관계가 수립되었다. 그러나 1905년 을사늑약으로 대한제국의 외교권이 박탈되면서 한미 양국은 단교하였으며 1910년 경술국치 이후 양국 관계는 단절되었다. 이후 1945년 일본 제국의 패망으로 한반도가 독립하면서 미군이 진주하였고, 1948년 대한민국은 미국과 유엔의 지원으로 민주주의 정부를 수립하였다. 그 이래로 매우 광범위하게 발전했으며, 현재는 군사적·외교적·문화적으로 여러 방면에서 깊고 긴밀한 관계를 맺고 있다.

한미 군사관계의 변천은 다양한 역사적 사건과 정치적 변화에 영향을 받아왔다. 한미 군사관계의 주요 변천 과정을 요약하면 다음과 같다.

① 한국전쟁(1950~1953): 한미 군사 협력의 출발점은 한국전쟁을 시작으로 해서 1950년부터 1953년까지 이어졌다. 미국은 유엔군을 통해 한국을 지원하고, 한미동맹이 형성되었다.

2 위키백과 참조하여 정리

② 한미동맹 형성(1953년 이후): 한국전쟁 종전 이후, 한미동맹은 공식적으로 형성되었고, 미국은 한국을 안보 보호의 대상으로 채택했다. 미국은 한국에 군사 지원 및 보호를 제공하면서 양국 간의 군사 협력이 강화되었다.

③ 냉전 시대의 한미동맹(1953-1991): 냉전 시대 동안, 한미동맹은 대중국 및 북한의 도전에 대응하기 위해 군사적으로 협력했다. 미국은 한국에 주요 군사 기지를 유지하면서 안보 협력을 강화했다.

④ 냉전 종료와 변화(1991년 이후): 냉전이 종료되면서 한미 군사관계도 변화되었다. 한국에 대한 군사적 지원을 일부 축소하고, 동시에 안보 협력을 유지하면서 양국 간의 경제적, 정치적 관계가 강화되었다.

⑤ 북한 핵 문제와 군사 협력 강화(2000년대 이후): 북한의 핵 개발과 관련된 문제로 한미 군사 협력이 다시 강조되었다. 양국은 주기적으로 연합 군사훈련을 실시하고, 북한의 도발에 대비하여 군사력을 유지하고 있다.

⑥ 현대의 동맹 강화(2010년대 이후): 한미 군사관계는 현대에 이르러서도 계속해서 강화되고 있다. 양국은 정보공유, 군사 기술 협력, 공동 훈련 등을 통해 더 밀접한 동맹을 유지하고 있다.

이러한 변천은 지역 안보 상황 및 국제 정치의 변화에 따라 조절됐다.

6. 주한미군의 안보적 역할

주한미군은 대한민국과 미국 간의 동맹인 한미동맹의 중요한 부분으로서 안보적인 역할을 수행하고 있다. 주한미군은 대한민국의 안전과 안정을 지키는 데 기여하며, 한반도 지역의 평화와 안정을 유지하는 데에 기여하고 있다. 미군은 주로 대한민국의 국방력을 보강하고, 북한의 위협에 대비하기 위해 주한미군이 배치되어 있으며 이를 통해 한반도 지역의 안보를 강화하고 동맹 간의 협력을 강조하고 있다.

주한미군은 국방력 향상을 위한 훈련 및 연습, 정보 교류, 기술 지원 등 다양한 방식으로 대한민국과 협력하고 있다. 이는 양국 간의 안보 협력을 강화하며, 지역 안전에 기여하는 역할을 수행하고 있다. 주한미군은 대한민국과 미국 간의 동맹 관계의 중요한 부분으로, 안보적 역할을 다양한 측면에서 수행하고 있으며 여기에는 다음과 같은 주요 측면이 포함된다.

① 한반도의 안정과 안보 유지: 주한미군은 한반도에서의 안정과 평화를 유지하는 데 중요한 역할을 한다. 북한과의 긴장 관계에 대비하여 대한민국의 안보를 강화하고, 지역 안정을 지원한다.

② 군사적 도움과 훈련: 주한미군은 대한민국군과 군사적 협력을 통해 훈련 및 공동 작전을 수행하며, 대한민국군의 전투 능력을 향상시키는 데 기여한다.

③ 지역 안보 협력 강화: 주한미군은 주변 지역 국가들과의 협력을 통해 아시아-태평양 지역에서의 안정을 지원하고, 지역 안보에 기여한다.

④ 대북 정책의 지원: 주한미군은 대한민국 정부의 대북 정책을 지원하고, 북한에 대한 어떠한 도발에도 대응할 수 있는 준비를 갖추고 있다.

이러한 다양한 역할을 통해 주한미군은 대한민국의 안보를 강화하고 지역 안정에 기여하고 있다.

7. 주한미군의 가치[3]

지난 10년간 주한미군으로 한국이 얻은 경제적 가치가 최대 930조 원에 달한다는 분석이 나왔다(연간 약 90조 원의 경제가치). 미·중 간 패권경쟁이 격화되는 시점에서 한미동맹이 경제 발전의 안전망 역할도 해내고 있는 셈이다. 한미 간 방위조약 체결로 시작한 동맹 관계가 70년을 맞아 기술패권 시대를 함께 헤쳐나갈 상호보완적인 기술동맹으로 거듭나야 한다는 목소리도 커지고 있다.

매일경제와 한국경제인협회(한경협)가 2013년부터 지난해까지 한국에 있어 미국과의 군사적 동맹의 경제적 가치를 주한미군 주둔을 기준으로 추산한 결과 최소 469조 원에서 최대 928조 원에 달하는 것으로 분석됐다. 지난해 실질 국내총생산(GDP)의 59%에 달하는 규모이다.

또한, 2011년 한 연구에 의하면[4] 주한미군의 추정 가치액은 다음과 같이 세분된다.

---

3 매일경제 2023년 9월 24일 자 보도. 〈주한미군, 연간 90조 원의 경제가치〉
4 권헌철(2011), 국방연구 2011년 8월, 2054권 제2호, pp. 23~45

① 주한미군 장비 대체비용은 23조 원~36조 원 이상 소요. 국방비 부담률은 GDP 대비 2.91%~6%까지 증액될 것으로 추정

② 주한미군 인원을 한국군으로의 대체비용은 1.3조 원 추가 소요

③ 운영유지비 추정치는 비용은, 미 육군(1조6,888억 원), 미 공군(1조492억 원) 총 2조7,380억 원이 된다.

④ 전투력을 감안한 주한미군의 추정가치는 2011년도 한국 GDP인 1,110조 원의 0.24%, 국방예산의 8.75%를 차지하는 막대한 규모이다.

⑤ 지휘, 정보체계의 수준이 아직 따라갈 수 없는 현실, 가치추정 불가

⑥ 전시 미군 증원전력의 경제적 가치추정

- 신속억제방안(FDO)에 의한 전력
- 전투력 증강(FMP)에 의한 전력
- 실제 전쟁이 발생할 경우, FDO와 FMP 전력을 포함하는 시차별 부대 전개 제원(TPFDD)에 의한 증원전력이 있다. 통일연구원(홍관희, 2003)의 발표자료[5]에 의하면 이 가치는 무려 464조 원에 달한다.

요약하면, 주한미군 장비 가치(17~31조 원), 미군 철수 시 대체 추가비용(23~26조 원), 전시 자동개입 미 증원전력의 가치(120조 원 추정), 평시 운영비 연간(4조 원) 등 총 180조여 원으로 추정된다. 추가로 안보비용 절감 효과, 국민경제 기여효과, 국가신인도 제고 효과 등을 감안하면 200조 원을 상회한다고 볼 수 있다. 여기에 전시에 증원전력

5 홍관희(2003), 통일연구원 자료, 「한국과 세계의 국방비 비교 연구」, 서울: 월간조선사

의 가치(464조 원)를 더하면 664조 원 이상이 된다.

이것이 2011년의 분석인 만큼, 매년 2%의 물가상승률은 감안한다면 2023년 현재의 가치는 최소한 1,000조 원은 되지 않을까 추산한다. 2023년 대한민국의 1년 예산이 639조 원임을 감안한다면, 대한민국 국민이 1.56년 동안 먹고 살 수 있는 어마어마한 금액이다. 참고로 미국을 '천조국'이라고 칭하는데 이는 1년 국방예산이 무려 천조 원이 되기 때문이다.[6]

주한미군의 병력은 2만8,500명으로 미제2사단이 주력부대로서 2만여 명이며, 7공군이 4,000여 명으로 구성되어 있다. 주요전력은 OA-10C 대전차 전투기와 등 90여 대, AH64 아파치공격헬기 20여 대, M1A1에이브럼스 전차 50여 대, 155mm 야포 10문 육군전술미사일(ATACMS:Army Tactical Missile Systems)로 무장한 다연장(MLRS: Multiple Launcher Rocket Systems) 40여 문, 기지 방호를 위한 패트리어트 PAC-3 60여 기, 미사일 방어 임무를 수행하는 1개 사드포대 6기 발사대 등의 편제를 보유하고 있다.

6 나무위키 참조: 본래 시작은 미국을 천조(天朝)에 비유한 것이다. 여기에 (국방예산) '千兆'라는 의미도 추가되었다.

8. 주한미군이 보유한 전력

미국 의회 상·하원은 '2024 회계연도 국방수권법안(NDAA)을 공개했다. 내년도 미국의 국방 관련 예산을 담은 단일 안으로 주요 내용은 주한미군 약 2만8,500명의 규모를 현재 수준으로 유지하고 미국의 모든 방어 역량을 활용해 한국에 대한 확장억제를 강화한다는 내용을 담았다. '확장억제'란 미국이 동맹국에 대해 핵·재래식·미사일 방어 능력 등 모든 범주의 군사능력을 운용해 억제력을 제공하는 정책을 말한다.

순번	군 장비품명	수량	주요 내용
1	A-10C	24대	대전차전투기(1개전투기대대)
2	F-16C/D	72대	미공군 폭격기(3개 전투기 대대)
3	U-2	12대	정찰기
4	AH-64D 롱보우 아파치 공격헬기	48대	아파치 공격헬기
5	UH-60L 블랙 호크	50대	
6	CH-47F 치누크	12대	
7	MH-47G 스페셜 오퍼레이션 치누크		
8	MH-53E 시드래곤	2대	

순번	군 장비품명	수량	주요 내용
9	M1A2 SEP v2	90대	에이브람스 전차
10	M2A3 브래들리	120대	보병전투차
11	M3 CFV 정찰장갑차	50대	
12	M113A3 병력수송 장갑차	130대	병력수송 장갑차
13	M9 전투공병차량	4대	
14	M104 울버린 교량전차	4대	
15	M60A1 교량전차	4대	
16	M1150 개척전차	12대	
17	M113 Engineering	4대	
18	M2 ODSE 전투공병차량	52대	
19	M1132 스트라이커 공병차량 (Engineer Squad Vehicle)	6대	
20	M1064 자주박격포 차량	12대	
21	M109A6 팔라딘	40대	-20대 여단전투단 포병대 소속 -20대 제210 화력여단 소속
22	M270A1 MLRS (Multiple Launch Rocket System)	40문	-미2사단 제210 화력여단 소속 -다연장 로켓
23	패트리어트 PAC-3	60기	기지 방호
24	JTAGS 탄도탄 조기경보레이더		
25	THAAD(사드)	6대	미사일 방어

9. 주한미군의 지휘체계

1) 미국군의 지휘구조

미국은 국가안보조례에 따라 4성 장군 또는 제독에 의해 지휘되는 9개의 통합 전투 사령부가 승인되어 운용되고 있다. 9개의 통합전투사령부가 있는데 이 중 5개의 사령부는 일련의 특별임무와 책임 지역을 갖는 유럽사령부, 태평양사령부, 중부사령부, 남부사령부, 합동전력사령부가 지역사령부이다. 4개의 사령부는 기능적 책임 영역을 갖는 것으로 특수전사령부, 우주사령부, 전략사령부, 수송사령부이다.

2) 미합중국 인도·태평양사령부(United States Indo-Pacific Command)

미인도태평양사령부는 2018년 5월 태평양사령부에서 인도양과 태평양 간 연결성이 증가함에 따라 중국 군사력의 확장을 막기 위해 명칭을 변경했다. 본부 하와이에 위치하고 있으며, 책임 지역은 미 본토의 서부 해안으로부터 인도양, 중동, 아프리카의 동해안까지 그리고 북극해로부터 알래스카와 하와이를 포함하여 남극대륙까지 이른다. 상기 9개의 사령부 중에서 한반도와 평택시 관내 미군기지와 연관이 있는 미인도태평양사령부를 알아본다. 지리적으로 미인도태평양사령부는 미 통합사령부 중 최대규모이다.

미인도태평양사령부 책임 지역은 모두 합해서 세계 인구의 약 60%를 차지하고 있는 43개국, 10개국의 미국령, 20개의 다른 국가의 영토를 포함하며 무려 1억평방마일로서 지구 표면의 약 50%를 차지하고 있다. 또한, 미태평양사령부의 책임 지역 내에는 세계 7대 군사 강국(미국, 일본, 중국, 러시아, 인도, 한국, 북한)이 위치해 있으며 미국의 상호방위조약 7개 중 미·필리핀, ANZUS, 남동아시아 집단방위, 미·일, 한미방위조약 등 7개 상호방위체제가 이 지역에 위치하고 있다.

미인도태평양사령관은 308,000명의(미군 현역병 20%) 군을 지휘한다. 각 군으로부터 차출되어 태평양 주둔 미육군, 미해군, 태평양함대, 태평양 주둔 미해병대, 태평양 주둔 미해군 등 4개의 소속사령부가 구성되어 있으며 주요 예하통합사령부로는 주한미군 및 미8군, 주일미군, 태평양 특수작전 사령부, 알래스카 사령부 등이 있다.

3) 한미 연합 지휘·정보 협력체제

1978년 11월 7일 한미연합사령부가 창설되면서 유엔군사령관의 작전통제권은 한미연합연합군 사령관에게 이양되었고 유엔사령부는 한반도 정전협정의 유지에 관한 임무를 수행하게 되었다. 연합사령관은 과거 유엔군사령관이 단독으로 통제하던 것과는 달리, 한미 양국은 국가통수기구(대통령, 국방부) 및 한미 안보협의회의, 군사위원회의 전략 지시 및 지침을 받아 평시 및 전시 작전통제권을 행사하고 있었다.

한편, 한미 양국은 연합방위체제 아래에서 조기 경보를 비롯해 군사 정보를 공유하기 위한 협조체제를 구축하고 있다. 미군은 월등한 정보 수집능력으로 한미연합 정보협력체제를 통하여 한국군에 대북 정보를 제공하고 있다. 미국의 대북 첩보수집은 CIA 한국지부(ORS) 이외에 주한미군사령부 산하의 국방부 한국지원단(DODSAK)에서 수행한다.

DOODSAK는 1995년 10월 미국방정보국(DIA), 미 육군 501군사정보여단 예하 524 정보대대, 해군 방법수사대(NIS), 오산공군 제45지구방법수사대, 제32지구 특활정보대(AFIC) 등 주한미군 산하 4개 정보부대를 통합해 '한국지원단'을 창설한 것이다. 현재 한국 국내에는 000명 안팎의 미휴민트(HUMINT 인간 첩보) 요원들이 활동하고 있는 것으로 알려져 있다.

10. 한미연합연습 및 훈련

한미연합연습은 유사시 미국의 증원전력을 적시에 한반도에 전개하여 북한의 침략을 저지할 뿐만 아니라 이들을 분쇄하는 데 그 목적이 있다. 미국은 군사전략의 변천과 국방비 감축, 그리고 해외주둔 미군의 감축에 따라 불가피하게 발생되는 주한미군 철수에 대비의 일환으로 연합연습 및 훈련을 계획하고 실시하였다.

한미 양국은 북한의 위협에 대비하여 한미상호방위조약에 근거한 한미연합연습을 유지 발전시켜왔다. 향후 전쟁은 자국의 이익과 결부된 동맹 및 연합체제 하에 공·지·해 입체작전과 첨단무기에 의한 전쟁이 전개될 것으로 예상됨에 따라 미래전 수행을 위한 연합 및 합동작전 수행능력의 보강은 매우 중요한 것이다. 한미 간의 가당 대표적인 연합군사훈련은 CPX(Command Poxt Exercise:지휘소 연습)와 「팀스피릿」(Team Spirit), 연합상륙훈련인 '쌍룡훈련'이라 할 수 있다. 이러한 연합연습은 강력한 한미연합방위태세를 과시함으로써 북한으로 하여금 군사적 수단과 방법을 포기하고 평화적 방법을 선택하도록 유도하는 강력한 메시지 역할도 함께 하고 있는 것이다.

한미연합연습·훈련은 크게 지휘소 연습(CPX)과 야외기동연습(FTX) 및 훈련으로 구분된다. 통상 실 병력 참가 없이 지휘부 요원만 도상(圖上)에서 이루어지는 것은 연습이고, 편제 병력과 장비가 참가하여 기동하는 것은 훈련인데 혼용해서 사용하기도 한다. 지휘소 연습으로 을지포코스렌즈연습, 을지프리덤가디언연습, 키리졸브연습, 을지자유방패(Ulchi Freedom Shield)을 야외기동훈련으로 팀 스피릿 연습, 독수리훈련 등을 실시하였다.

년도	연습 명칭	주요 내용
1954	포커스랜즈연습(유엔사)	국가 전쟁지도 및 수행능력을 향상시키고 수행절차를 숙달하기 위해 실시하는 종합 지휘소 연습
1961	독수리(Foal Eagle: FE)	한미 간 군사적 결의 과시하고 연합 및 합동 작전태세 완비 위해 실시하는 연합/합동 야외기동 연습
1968	을지연습(정부주관)	1968.1·21사태 이후 정부주관 실시
1968	CPX(지휘소 연습) 훈련	
1968	포커스·렌즈(Focus Lens)	CPX훈련 명칭에서 변경
1969	레티나(Focus Retina) 훈련	최초의 실질적인 한미연합훈련

년도	연습 명칭	주요 내용
1976~1978	워게임 최초실시(한미1군단)	
1976~1993	팀 스피릿 연습	1976년 5월 한미 간 최초 기동훈련
1976~2007	을지포커스렌즈 연습	정부연습/연합사 주관 포커스렌즈 훈련에서 명칭변경
1994~2007	연합전시증원(RSOI) 연습 Reception, Staging Onward Moveement & Inteegraion	걸프전 이후 미군의 '전투력 투사'라는 개념에 따라 미증원전력의 한반도 보장할 필요성 제기 1994부터 실시하는 팀 스피릿 축소판
2002	연합전시증원(RSOI) 연습	연습의 효율성 고려, 통합 실시
2008~2018	을지프리덤가디언(UFG) 연습	
2008~2018	키리졸브(KR)/폴이글(FE)연습	
2019	2019-2 연합지휘소훈련	
2019	동맹연습	
2020	2020-2 연합지휘소훈련	
2020	축소된 연합훈련	
2022	을지자유방패(Ulchi Freedom Shield)	

III

대한민국 내 주한미군기지

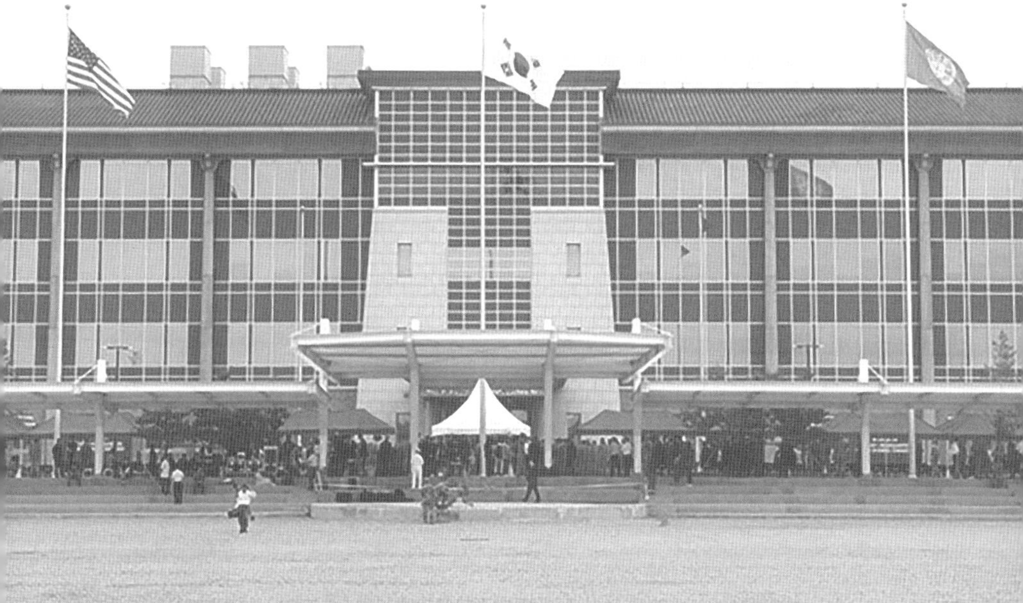

1. 전국의 주한미군기지

주한미군은 제2차 세계대전의 종전과 더불어 한반도(남한)에 진주한 이래 한국전쟁을 거치면서 오늘날까지 80여 년의 한반도 주둔역사를 이어가고 있으며 주한미군의 주둔 근거 및 법적 지위는 한미상호방위조약과 한미행정협정에 그 기초를 두고 있다.

미군 공여지는 1967년 한미상호방위조약에 따라 주한미군 측에 일정한 시설과 구역(Facilities & Areas)에 대한 사용권을 공여한 땅으로 세 가지로 나뉜다. 미군이 배타적 사용권을 가진 전용 공여지와 원래의 토지사용 용도에 지장이 없는 범위에서 미군이 사용권을 행사하는 지역공여지, 군사훈련 등을 위해 임시로 미군에 사용권이 부여되는 임시공여지 등이다. 1967년 미군 공여지는 4억8천 평에 달했다가 현재는 주요 공여지만 빼놓고 일부는 많이 반환된 상태이다.

1997년 당시 전국에 산재한 주한미군기지는 △용산기지 △동두천기지 △문산/파주기지 △의정부기지 △김포기지 △인천기지 △캠프용인 △수원공군기지 △오산기지 △군내공군사격장 △캠프 험프리스 △망일산SN(공군) △청주공군기지 △캠프에임즈 △대전유류저장소 △리

틀인치기지 △공산공군기지 △광주공군기지 △함평로젠전파발전소(공군) △사천공구저장소 △진해해군사령부 파견대 △마산탄약창 △김해공군저장소 △캠프하아리아 △K9육군비행장 △브루클린기지 △캠프워커 △대구공군기지 △팔공산SN(공군) △왜관유류저장소 △캠프 캐롤 △살렘기지 △포항공군통신소 △포항해군사령부파견대 △캠프리비유류저장소 △홍해로젠전파발전소(공군) △예천통신소 △전술공격훈련장(공군) △캠프롬 △캠프 케이지 △화악산AFKN 송신소 △제주도 유격장 등 44곳이다.

수도권 주요 미군기지는 △캠프 리버티벨 △캠프 그리브즈 △캠프 펠헴 △캠프 자이언트 △캠프 오이에렌 △캠프 게이오렘인 △캠프 스텐론 △캠프 에드워드 △캠프 하우즈 △캠프 캐슬 △캠프 케이시 △캠프 호비 △캠프 잭슨훈련장 △캠프 레드클라우드 △캠프 인디언 △캠프 스텐리 △도봉산 탄약창 △캠프 잭슨 △퇴계원 유류저장소 △내자호텔 △극동지구공병대 △중고휴양소 △용산기지 △캠프 머어서 △캠프 마켓 △강남유류저장소 △K-16육군비행장 △탱고 △서울의 집(공군) 등이다.

2001년 당시 전국 주한미군 주요기지는 △용산기지(주한미군본부) △동두천 캠프 케이시(미2사단 1여단 본부) △의정부 캠프 레드클라우드(미2사단사령부) △파주 스토리사격장/불스아이 훈련장 △부평 캠프 마켓(군수품 보급 출하) △오산공군기지(7공군사령부사령부 위치) △화성 매향리 △쿠니사격장왜관 △캠프 캐롤(주한미군 최대 물자보급 기지)△대구 캠프 워커(종합레크레이션센터) △캠프 헨리(19지원사령부 위치) △군산공군기지(핵 저장시설 있다고 알려진 곳) △부산 캠프 하야리아(군수물자 관리 및 보급) △포항 캠프 리바(유류저장소) △제주 유격장 및 레크레이션센터) 등이다.

2015년 전국 주한미군 주요기지는 △용산기지 △동두천 캠프 케이시(미2사단 1여단 본부) △의정부 캠프레드클라우드 △부평 캠프 마켓(군수품 보급 출하) △오산공군기지(7공군사령부사령부 위치) △진해함대 활동 △캠프 캐롤(주한미군 최대 물자보급 기지)△대구 캠프 헨리(19지원사령부 위치) △군산공군기지 △대구 20탄약보급기지△캠프 험프리스 23 탄약보급기지△부산 34 탄약보급기지 △원주 캐롤 △대구 공군기지 등이다.

2. 주한미군 권역별 배치 개요

주한미군은 미8군사, 주한미군사, 주한미해병사, 주한미특전사, 주한미공군사로 구성된 주한미군사령부의 지휘를 받고 있으며 평택의 험프리스와 동두천지역에 지상군 전투병력을, 평택의 오산 에어 베이스와 군산에 공군병력을 그리고 대구, 부산, 왜관, 포항, 진해 등지에 병참 및 후방지원 등의 지원병력을 두고 있다.

주한미군은 한국을 6개 권역으로 나눠서 부대를 관리한다. AreaⅠ에는 의정부 레드클라우드를 포함하여 동두천 캠프 케이시에 미제2보병사단 210화력여단이 북한의 장사정포병 등의 위협에 대비한 대화력전 임무를 수행하기 위해 전방에 추진 배치되어 있다. 지상작전사령부에는 제2501연락단이 파견돼 있다. AreaⅡ 용산기지에는 한때 주한미군의 허브였으나 주요부대가 평택의 캠프 험프리스로 이전 후 현재는 주한미군사업단이 등이 주둔하고 있다. AreaⅢ 캠프 험프리스에는 유엔사, 주한미군사령부, 미8군사령부, 주한미해병대사령부와 주한미특전사령부, 미제2사단, 제501정보여단 등이 주둔하고 있다.

AreaⅣ 대구 캠프 헨리(Camp Henry)에 제19원정지원사령부가,

왜관 캠프 캐럴(Camp Carroll)에 물류기지가 있다. AreaV오산 공군기지에는 미공군과 제51전투비행단과 제35방공여단이 주둔하고 있다. AreaⅥ 군산 미공군기지에 제8전투비행단이, 부산 대한민국 해군작전사령부에 주한미해군사령부가 주둔하고 있다. 제주 서귀포의 캠프 맥네프(Camp MacNapp)에는 미군의 휴양지가 있다. 특히 미군들은 시설에다 사람 이름을 붙이는 것이 통상적인 관례이다.

미군기지는 미군기지 이전사업을 통하여 중부(경기도 평택시)와 남부(대구광역시)의 2개의 허브로 개편되었다. 우리나라 주한미군기지 중 캠프 험프리스와 오산 에어 베이스는 별도로 취급하니 참고 요망한다.

3. 주한미군 기지 Area I : 동두천과 의정부

동두천은 한때 우리나라 미군이 가장 많이 주둔하였던 지역으로 동두천에 주한미군이 처음 주둔하기 시작한 것은 1951년 7월부터이다. 먼저 제24사단 휴양소가 2~3개월가량 존재하였고 그 후 미제3사단 6연대, 미보병 25사단 24연대가 주둔하기 했다. 1952년부터 1970년까지 미제7사단이 장기간 주둔한 지역이었다. 미2사단은 6·25전쟁에 참전한 이후 현재까지 동두천에 일부 부대가 주둔하고 있는 주한미군의 주류를 이룬 사단이었다.

그동안 미2사단의 본체이자 주력 캠프 케이스(Camp Casey)를 중심으로 캠프 호비(Camp Hovey)는 2여단, 캠프 님볼(Camp Nimble)은 수송대, 캠프 모빌(Camp Mobile)은 항공부대, 캠프 캐슬(Camp Castle)은 공병대 등 6개 구역으로 주둔해 왔다. 의정부시에는 미제2사단 사령부인 캠프 레드클라우드를 위시하여 미2사단 항공포병여단(캠프 스탠리) 미하사관학교(캠프 잭슨) 등 총 8개가 있었으나 현재 동두천의 캠프 님볼, 캠프 캐슬의 일부, 짐볼스 훈련장과 의정부의 8개 기지는 반환된 상태이다.

동두천시의 캠프 캐슬과 캠프 호비, 의정부시의 캠프 레드 클라우드, 캠프 잭슨, 캠프 스탠리에 주둔 중인 주한미군은 경기도 평택시의 캠프 험프리스로 옮겨갔다.

1) 케이시 엔클레이브(Camp Casey/USAG Casey Enclave)

-미2사단 제210야전포병여단(210th Field Artillery Brigade)

제210야전포병여단은 미군2사단의 예하 부대로 동두천 캠프 케이시(14.15㎢) 에 주둔하는 대북작전의 핵심 부대이다. 제210야전포병여단은 한강 이북에 주둔하는 유일한 미군 전투부대로 북한 장사정포를 파괴하는 대포병사격 임무를 맡고 있다. 북한이 남침할 경우 인계철선(引繼鐵線) 역할을 하는 부대이기도 하다.

이 부대는 최전방 북한 장사정포 부대를 초토화할 수 있는 MLRS(다연장로켓트시스템)를 수십 대를 운용하고 있다. 특히 MLRS는 1발당 수백 개의 자탄이 든 227mm 로켓탄을 동시에 발사할 수 있어 '강철 비(steel rain)로 불린다. 제210야전포병여단은 미육군 제2보병사단/한미연합사단 예하 부대로 부대의 애칭은 선더(우레, Thunder)라고 한다. 선더라는 애칭은 적을 공격할 때 소리가 마치 천둥 같다고 해서 선더(Thunder)라는 부대로 불리게 됐다고 한다. 여단장은 미육군 대령이다.

2) 캠프 호비(Camp Hovey)

캠프 호비(Camp Hovey)는 케이시 엔클레이브(Camp Casey/

USAG Casey Enclave)일부로 폭찹 힐전투에 참전했다가 전사한 하워드 C. 호비 상사를 기리기 위해 이름을 따서 지었다. 부대 토지가 반환될 예정이었으나 현재는 미2사단 순환여단의 본부로 활용되고 있다.

4. 주한미군기지 AreaⅡ:용산기지(Yongsan Garrison)

1945년 해방 후 용산기지는 미군 속에 넘어갔다. 미7사단 병력 1만 5000명이 용산에 진주해 일본군의 병영을 모두 접수하면서 용산기지를 차지했다. 6·25전쟁에 참전한 미군이 1953년 7월 27일 휴전 후 용산기지를 다시 사용하면서 한국이 미군에 제공하는 공여지 형태로 정리되었다. 그 후 1957년 7월 유엔군사령부가 도쿄에서 용산기지로 이전했고 그해 주한미군사령부와 1978년에 한미연합사령부를 창설하면서 용산기지는 변화를 거듭했다.

삼각지와 이태원을 잇는 2차선을 중심으로 남북으로 나뉘어 있는 용산기지는 1만 명의 주한미군과 군속이 생활하는 데 필요한 모든 업무 및 지원시설이 마련된 타운이었다. 용산기지는 총 87만 평 규모로 북쪽으로는 제5문(Gate5)은 메인포스트(Main Post)로 주한미군사령부와 8군사령부, 한미연합사령부, 유엔군사령부가 등 지휘부가 있었다. 남쪽은 사우스 포스트(South Post)로는 주한미군의 주거시설과 외국인학교, 8만 평 정도의 골프장도 있었다.

2018년 6월 29일부로 유엔사, 주한미군사령부, 미8군사령부가 평택의 캠프 험프리스로 이전했다. 2019년 6월 3일 한미 국방장관회담에서 전시작전권 전환 시에 연합사를 국방부 청사 이전하고자 했던 계획을 캠프 험프리스로 변경 이전키로 합의했던 계획을 앞당겨 2022년 11월 한미연합사령부를 캠프 험프리스로 이전을 완료했다.

용산기지와 의정부의 캠프 레드클라우드, 그리고 동두천기지 일부가 평택 캠프 험프리스로 이전함에 따라, 기지관리업무가 대폭 축소되었고 용산기지사령부에서 성남기지, 동두천기지까지 지원업무를 통합관리하게 되었다. 이 통합기지사령부는 USAG North로 명명하였다.

1) 주한미군 군사고문단(JUSMAG-K)

주한미군 군사고문단의 역할은 대한민국 국군에 대한 군사적인 원조와 자문을 지원이다.1948년 8월 15일부터 현재까지 존재하고 있다. 대한민국 국군에 대해 군사 분야에 대한 조언 및 자문을 하는 주한미군의 군사 부대이다. 주한미군 군사고문단은 주한 미국 대사와 미국 인도-태평양사령부의 예하이다. 현재 주한 미국 합동군사업무단(Joint U.S. Military Affairs Group: JUSMAG-K)으로 통합되어 있다.

2) 서울공항(K-16, Seoul Air Base)

경기도 성남시에 위치한 대한민국 공군 제15특수임무비행단과 제

35비행전대가 함께 주둔하고 있는 주한미군기지이다. 주둔 부대는 사실상 2ID 예하의 항공대대 및 탱고 경비중대와 몇몇 파견대가 주축을 이루고 있다.

3) 2501 디지털연락파견대(2501 Digital Liaison Detachment)

2501 디지털연락파견대는 경기도 용인시에 위치한 주한미군기지로 구) 캠프 용인이 있었던 곳이다. 캠프 용인은 2004년 공식적으로 폐쇄돼 2501디지털연락파견대는 지상작전사령부 옆에 위치해 있다. Digital Liaison Detachment라는 이름의 미8군 연락시설이 존재한다.

5. 주한미군기지 AreaⅢ: 평택 캠프 험프리스(Camp Humphreys)

군사 기지 재배치 후 평택은 주한미군의 허브이다. 현재 유엔사령부, 한미연합사령부, 주한미군사령부, 미8군사령부, 주한미해병대사령부와 주한미특전사령부, 미제2사단, 제501정보여단 등이 주둔하고 있다. 세부사항은 p94~120 캠프 험프리스 참조 요망한다.

6. 주한미군 AreaⅣ: 대구(USAG Daegu) 및 부산 미해군기지

1) 캠프 헨리(Camp Henry)–미19지원사령부

19지원사는 미8군사령부의 예하 부대로 1964년 7월 서울에서 창설돼 1972년 미8군 지원사령부와 보급사령부를 통합하면서 대구광역시 이천동으로 이전했다. 이후 여러 차례 편성과 명칭이 바뀌었고, 2005년 12월 19지원사령부로 지정돼 지금에 이르렀다. 미 19지원사령부(19지원사)는 미 육군에서 대부분 전투부대 위주인 수도권과 비교해 후방지역인 대구에 본부를 두고 있다.

전방부대 주둔지에 배치된 인원을 포함해 약 5,600명의 인원으로 구성됐다.

19지원사의 주요 임무는 주한미군의 작전지원 및 유지에 맞춰져 있다. 비전투원 철수작전(NEO)과 전시증원작전(RSOI)을 전개하고, 전시에는 한국군 부대도 지원한다.

19지원사 예하에는 주한물자지원사령부(MSC-K Materiel Support Command-Korea)와 제501지원여단(501st Sustainment Brigade)포함해 6병기대대, 498전투유지지원대대, 25수송대대, Korean Service Corps(KSC)대대, 군사경찰대대 등 6개 부대가 있다.

6병기대대는 주한미군 육군과 해병대에서 쓰는 탄약·무기를 보급한다. 498전투유지지원대대는 음식·연료·물 등 장병과 장비가 움직이는 데 가장 중요한 요소를 다룬다. 25수송대대는 각종 물자를 옮기는 역할을, KSC대대는 한국인 근무자들이 미군 부품을 정비한다.

2) 캠프 조지(Camp George)

캠프 조지는 대구광역시 남구 봉덕2동에 위치하고 있으며 한국전쟁 중 전사한 찰리 조지 일병의 명예를 기려 기지 이름을 붙였다. 캠프 워커와 캠프 헨리에 근무하는 가족을 위한 복지 및 휴양시설을 갖추고 있다. 기지 내에는 대구 미국인 학교, 아파트, 유아개발센터 문화교류 훈련 및 컨설팅센터가 있다.

3) 캠프 워커(Camp Walker)

캠프 워커(Camp Walker)는 1959년부터 현재까지 미국육군이 사용하고 있으며 위치는 대구광역시 대명5동에 있다. 캠프 워커 이름은 1950년 12월 23일 교통사고로 순직한 제8군사령관 워커 중장을 기리기 위해 이름을 딴 것이다. 주한미군 육군비행장이었으나 현재는 헬기만 운용 중이다. 기지는 미19지원사령부(19지원사)의 예하로 기지 내에 미육군의 헬기장과 미군 숙소 및 레크레이션센터, AFN Korea 대구지국 등 있다.

4) 캠프 캐럴(Camp Caroll) 칠곡(왜관)

캠프 캐럴(Camp Carroll)은 경상북도 칠곡군 왜관읍에 있고 1959년부터 현재까지 사용하고 있는 물류기지로 보관시설이다. 군영 이름은 찰리 F. 캐럴 중사를 기리기 위해 지었다. 캠프 캐럴은 경부고속도로를 이용하여 물자를 이송하기에 용이하도록 주한물자지원사령부와 제501지원여단이 주둔하고 있다. 물자지원사령부(USMSC-K Materiel Support Command-Korea)는 제19원정지원사령부 예하로 주한미군의 병참과 통신, 병기, 의무, 화생방 임무 등 전투근무지원을 맡고 있다. 또 제501지원여단(501st Sustainment Brigade)은 미국육군의 지원여단으로, 제2보병사단에 전투근무지원을 역할을 담당한다.

5) 주한미해군사령부(CNFK)

주한미해군사령부(Commander Naval Forces Korea)는 주한미군사령부의 예하 부대로 대한민국 해군작전사령부 부산기지에 주둔하며 부두 등 일부 군사시설도 함께 쓰고 있다. 2016년 서울 용산기지를 떠나 부산기지로 옮기면서 작전 운용력이 강화됐다. 부산기지는 한미동맹 및 한미연합 훈련의 모항으로 자유민주 진영의 대북 확장억제(핵우산) 강화정책도 뒷받침하는 전략적 요충지이다. 사령부가 있는 부산해군기지는 대한민국 해군 및 주한미해군 연합 주요 작전기지이다. 아울러 주한미해군사령부는 한반도 해역에서 전개한 미해군 전력을 지휘·지원한다.

근무자가 300여 명 정도이지만 북한의 해상 위협에 맞선 미해군의 해양작전, 대한민국을 비롯한 동맹국과의 연합 훈련 계획을 수립하는 허브이다. 미7함대사령부 예하 주한미해군사령부는 한미동맹을 상징하는 조직이 있다. 한미해군이 동반 근무하는 '연합작전협조과'로 해작사 연합해양작전본부 산하 부서이다. 이곳에 근무하는 한미장병은 사무실을 함께 사용하며 해양작전을 수립하고 정보를 공유하며 사령관 직책은 대령이다.

6) 진해 함대지원부대(CFAC)

진해+ 함대지원부대(Commander Fleet Activities Chinhae)는 경상남도 창원시 진해해군기지 내 있는 주한 미국 해군부대이다. 기지는 1946년부터 주둔했으며 한국에 있는 미국 해군 시설 관리와 입항하는 함대지원이 역할이다. 1978년 주한미해군 한국분견대로 알려졌고 1984년 시설 이름이 진해 함대지원부대로 변경됐고 상급부대 주한미해군사령부이며 부대장은 미해군 중령이다.

7) 미 해병대 캠프 무적(Camp Mu-Juk)

캠프 무적(MCIPAC: Marine Corps Installation Pacific Camp Mu-Juk)은 경상북도 포항시 오천읍에 위치한 미해병대 태평양사령부 예하 부대이다. 한반도 유일의 미 해병대 기지 '캠프 무적(CAMP MUJUK)'이다. 한반도에서 전개하는 미해병대 원정군의 훈련과 작전에 필요한 시설 보급품을 지원하는 임무를 수행하고 있는 국내 유일한 미해병대 기지이다.

미 해병대 전진기지 중 하나인 캠프 무적은 연합 훈련 등의 이유로 한국을 찾는 미 해병대 장병에 대한 근무지원을 담당한다. 기본적인 숙식부터 훈련·여가 등을 지원하며 장병들이 한국에서 편히 지낼 수 있도록 돕고 있다. 캠프 무적에는 수백~수천 명 규모 원정군이 사용할 수 있는 대형 숙소와 업무시설이 있다. 미 해병대는 원정군 시설들을 KMOC(Korea Marine Air Ground Task Force Operations Center)라고 부른다. 이 밖에 군마트·이발소·체육관·도서관 등 편의시설도 기지에 갖추고 있다. 미해병대사령부는 평택 험프리스 기지 내에 있다.

7. 주한미군 AreaV: 평택 오산 공군기지

K-55 오산 공군기지는 미공군의 사령부가 있는 곳으로 주한미공군의 중추적인 역할을 수행하는 한편 주한미군 및 그 가족들의 출입국이 이루어지는 곳이다. 오산 공군기지의 세부사항은 p122~133을 참조 요망한다.

8. 주한미군 AreaⅥ: 군산 공군기지

군산 미공군기지는 미 7공군사령부 예하 미8전투비행단(8th Fighter Wing·미8전비)의 주한 미 공군의 핵심으로 꼽히는 부대가 기지에 주둔하고 있다. 1974년 대한민국에 배치된 이후 우리 군과 함께 호흡하며 연합방위태세 구축에 해왔고 1980년대 초 배치돼 40년째 한반도 상공을 누비고 있다.

미8전투비행단은 F-16 전투기를 운용하는 2개 전투비행대대(35대대·80대대)가 편성된 작전전대(OG)를 주축으로 정비전대, 임무지원전대, 의무전대 등으로 구성돼 있다. F-16은 최근까지 성능 개량이 이어지고 있는 전천후 다목적 전투기다. 미8전비는 임무로 기지방어, 후속전력 수용, 북으로 진격'으로 군산기지를 철통같이 방호하는 동시에, 언제든 출격이 가능하도록 전투준비태세를 유지하고 있다. 유사시에는 후속 항공전력이 한반도에 전개하는 거점 역할을 한다.

미8전비행여단은 대한민국 38전대와 약 4,000명의 한미 병력이 주둔하면서 '한 지붕 살림'을 하고 있다. 활주로, 항행시설, 항공유 저장시설 등을 공유한다. 특히 작전·정보·관제 등 여러 분야에서 협업체계를 구축하고 있다. 특히 한미 공군 전투기가 '나란히(side by side)' 비행하는 것은 군산기지가 유일하다. 제8비행여단의 애칭은 '늑대 무리(Wolf Pack·울프팩)'이다.

9. 미7공군의 5개 전개기지

평택의 오산제7공군사령부는 한반도 유사시 5개(대구, 수원, 광주, 김해, 청주)의 비행장을 미병력 증원 기지로 사용하기 위해 한국공군과 함께 전시 증원 절차를 밟을 소규모의 기지운용 병력을 파견해 놓고 있다. 5개의 공항은 대한민국 공군작전사령부 예하 전투비행단이 주둔하고 있는 군-민 공용의 공항이다. 대구공항(K-2, Daegu Air Base)은 제11전투비행단과 함께 주둔하고 있는 대구광역시에 위치한 국제공항이고 수원비행장(K-13. Suwon Air Base)은 경기도 수원시에 있는 제10전투비행단과 함께 주둔하고 있다.

광주공항(K-57, Kwangju Air Base)은 제1전투비행단과 함께 주둔하고 있는 광주광역시에 위치하며 김해공항은(K-1, Gimhae Air Base)은 공군 제5공중기동비행단이 주둔하며 위치는 부산광역시 강서구 대저2동에 있다. 청주국제공항(K-59, Cheongju Air Base)은 충청북도 청주시에 있는 제17전투비행단과 함께 주둔하고 있는 주한미군 공군기지이다.

10. 지하벙커(지휘소) 외 기타

지하벙커는 한반도 유사시 국가지휘소로 이용하는 핵심시설로 비공식적으로 5개 정도가 존재하는 것으로 알려져 있다. 주한미군의 핵심이 평택으로 이전하기 전에는 흔히 미8군 벙커라고도 불리는 CC 서울은 용산기지 내 위치하고 있었다. USAG 대구 내에 있다고 알려진 오스카 지하벙커는 하와이, 오키나와 기지와 직송 수신하는 아시아 최대 정보기지로 알려져 있다. 여기서는 CP 탱고(Command Post TANGO) 벙커와 한국전투사령부(KORCOM), 항공우주작전본부(KAOC)와 훈련 사격장 등에 대해 알아본다.

1) CP 탱고(Command Post TANGO) 벙커

CP 탱고(Theater Air, Naval Ground Operation, TANGO) 벙커는 해·공군·지상작전 지휘소를 뜻하는 영어 약자로 한미연합사령부의 '두뇌'로도 일컬어진다. 청계산 약 3만3000㎡(약 1만 평) 크기로 화강암 지하에 자리해 핵폭탄이 터져도 버틸 수 있을 정도로 견고하다는 극비 특수정보 군사시설이다. 1970년대 중반 지어진 뒤 존재 자체가 극비에 부쳐지다가 2005년 당시 콘돌리자 라이스 미 국무장관 방문을 계기로 조금씩 세상에 알려졌다. 최첨단 정보시설을 통해 각종 위성과 정찰기가 보내온 첩보를 실시간으로 분석할 수 있다. 이곳에 위치한 최첨단 정보시설 스키프(SCIF)에서는 첩보위성과 주한미군 U-2 정찰기의 대북감시 정보를 실시간으로 확인할 수 있으며 미국 중앙정보부(CIA) 및 미국국방부 정보국(DIA)과 핫라인이 설치되어 있다. 한편 CP탱고 내엔 지휘통제실과 회의실, 의무실, 식당, 근무자용 숙소 등을 갖추고 있으며, 유사시 외부와 단절되더라도 근무 요원들이 최소 2개월가량 생활할 수 있는 전기·식수 등 공급이 가능한 것으로 알려져 있다.

2) 항공우주작전본부(KAOC)

오산공군기지 내 공군작전사령부 항공우주작전본부(KAOC)가 있다. 주한미군 오산공군기지 내 지하벙커에 있는 KAOC는 전시 육·해·공군의 미사일 작전을 지휘·협조하는 한·미공군의 최상위급 지휘부다. '나이트워치' 또는 '심판의 날 항공기(the doomsday plane)'란 이름으로도 불리는 E-4B는 핵전쟁 시 공중에서 전쟁을 지휘하기 위한 목적의 항공 지휘관제소이다. 윤석열 대통령과 조 바이든 미국 대통령은 2022년 5월 22일 경기 평택시 오산공군기지 내 공군작전사령부 항공우주작전본부(KAOC)를 방문한 바 있다.

3) CP KORCOM

한국전투사령부(KORCOM)는 캠프 험프리스 내에 있는 한미 양국군이 운영하는 지휘소로 적의 핵 공격에도 견딜 수 있을 정도라고 한다.

4) CP KORCOM

한미 양국 군은 평택에 위치한 캠프 험프리스 내에 있는 '한국전투사령부(KORCOM)' 지휘소이다.

5) 로드리게스 훈련장

다목적종합사격장(MPRC)로드리게스 실사격장인 로드리게스 훈련장(Rodriguez Live Fire Complex)은 포천시 영중면 영평리에 위치하고 있다. 주한 미8군의 관할 훈련시설로 영평 훈련장으로도 알려진 것으로 1,322만㎡, 약 450만 평의 면적으로 설정되어 있다.

6) 나이트메어 레인지 사격장(Nightmare Range)

대한민국 육군5군단의 관할 승진과학화훈련장은 포천시 영북면에 위치하고 있다. 1952년 7월 미군이 건설해 한국군에 1973년에 인계했다. 특히 이 훈련장에서 훈련한 아파치 헬기 중 최신형인 AH-64E '아파치 가디언' V6 기종이며 미군이 해외 주둔기지에 이기종을 배치한 건 최초이다.

7) 제주 모슬봉 맥넵(McNabb)기지

맥넵(McNabb) 주한미군기지는 1953년 공군 레이더 기지로 활용됐다가 지난 1995년부터 미군 휴양소로 이용하고 있다.

Ⅳ

캠프 험프리스 (K-6, USAG Humphreys)

1. 캠프 험프리스 유래[1]

안정리의 험프리스 수비대(USAG HUMPHREYS) 오늘날 주한미군의 작전 허브로 해방 전 일본군 병참기지로 사용됐던 곳이다. 한국 정부는 6·25전쟁 기간 중 1951년 2월 5일 한반도 방위목적으로 안정리 기지를 미군에게 공여하는 협정을 체결했다. 1962년 기지명을 캠프 험프리스(Camp Humphreys)로 바꿨는데 이는 1961년 오산 상공에서 헬기사고로 숨진 미육군 기술장교 '벤저민 K 험프리즈'를 추모하기 위해서였다.

오늘날 험프리스는 1919년 국권침탈 후 일본군이 평택 비행장을 건설했다. 미육군 한국전쟁 이후 기지를 인수하여 한국전쟁 이후부터 비행장 명이 K-6로 불리었다.

1962년 헬리콥터로 사망한 제6수송 중대에 배정된 조종사 준위 벤자민 K. 험프리스를 기리기 위해 캠프 험프리스 개명해서 오늘날까지 이어져 오고 있다.

한편, 2007년에 부인 Betty Nance Humphreys 여사가 기지를 방문한 바 있다.

1 한·미 안보동맹 투어 브리핑 자료 참조 작성

이 기지는 미8군(EUSA) 서울지역사령부, 제7병참사령부 부속기지로 해외에 주둔한 미육군의 비행기지로서는 가장 규모가 크고 비중 있는 곳이다. 1964년 독립된 지역사령부로 개편됐다. 1974년 19지원여단의 발족으로 미육군 수비대로 지정됐고 1985년에는 전시지원 조직으로 개편돼 23지원단으로 지정됐다. 1996년 6월 17일 미육군 제3지역지원사령부로 출범했고 7월 24일 아파치(AH-64) 실전 배치와 더불어 미육군제6항공전투부대를 운용하게 됐다.

2017년 7월 11일 미8군사령부가 평택 이전 개소식을 시작으로 2022년 11월 15일 한미연합사령부가 캠프 험프리스에 완료됨에 따라 유엔군사령부, 주한미군사령부가 캠프 험프리스에 함께 위치함으로써 더욱 강력해진 한미연합 방위태세를 갖추게 되었다. 캠프 험프리스(K-6)는 주한미군의 허브로 세계 최고의 주한미군 단일기지로는 1,455만㎢(440만 평, 여의도 5배)로 세계최대 규모의 부지다. 현재 인구는 약 33,000명으로 기지 완료 후 초 인구는 43,000명으로 예상한다.

1) 험프리스 수비대(기지 사령부) 건물

미육군 험프리스 수비대/기지사령부의 건물은 2011년 9·11 테러로 사망한 미육군 중장 티모시 J 머드(TIMOTHY J.MAUDE) 기념하기 위해 헌정했다. 장군은 1947년에 태어나서 35년 넘는 군복무기간 동안 혁혁한 업무를 수행했으며 마지막 보직은 펜타곤 미육군 참모차장(인사담당)이었다.

2) 험프리스 인구현황

험프리스 기지 내에 2023년 2월 기준으로 미국인은 미군 14,000여 명, 가족, 민간인 등 14,000여 명 포함해서 총 28,000여 명이다. 한국인은 한국인 직원 6,321명, 카투사, 한국군, 계약업자 등 4,000명 포함 10,000여 명 합계로 총 38,000여 명이 근무한다. 2026년 이후는 미국인은 미군 20,000여 명, 가족, 민간인, 계약업자 등 14,000여 명 포함해서 총 34,000여 명이다. 한국인은 한국인 직원 6,800명, 카투사, 한국군, 계약업자 등 4,800명 포함 11,600여 명 합계로 총 45,600여 명이 근무할 것으로 예상된다. 한편 참고로 판교 신도시의 수용인구 29,000여 세대, 인구수로는 8만7천 명가량이며 캠프 험프리스는 판교 신도시의 1.6배로 쾌적한 생활환경이다.

3) 험프리스 출입문 영어명칭 유래(한국전과 관련 있는 인물 기념)

-동창리게이트: 윤게이트(윤승국 소장, 죽미령 스미스 부대 전투, 1950년)

-안정리게이트: 밀레트게이트(루이스 리. 밀레트대령, 오산 힐180 전투, 1950)

-CPX게이트 : 게일러게이트(로버트 게일러 준장, 1952)

-본정리게이트: 챨톤게이트(코넬리우스 챨톤 병장, 1951)

-도두리게이트: 아담스게이트(스탠리 아담스 중령, 1951)

2. 캠프 험프리스의 역사

-1919년 국권침탈 후 일본군이 평택 비행장을 건설

-1951년 한국전쟁 중 평택 비행장은 미 해병 항공 그룹과 614전술 통제 그룹을 수요하기 위해 미공군에 수리 및 개선된 후 K-6로 명령

-1962년 이기지는 헬리콥터 사고로 삼한 제6 수송 중대에 배정된 조종사인 준위 베자민 험프리스를 기리기 위해 캠프 험프리스로 개명

-1964년 험프리 지구 사령부(나중에 제23직접지원단으로 재지정됨)는 미8군의 별도 설치 사령부로 활성화되어 한국의 모든 직접 지원, 공급 및 유지, 모든 재래식 탄약 저장, 부관 일반 간행물 및 훈련 보좌관, 미8군 우유 공장

-1974년 1974년 제19지원여단의 활성화와 함께 캠프 험프리스는 미 육군 수비대인 캠프 험프리스로 재지정. USAG- 캠프 험프리스는 여전히 캠프 험프리스에 주둔한 인원에게 영향을 미치는 모든 업무를 담당했지만 제19지원사령부는 미8군과 그 예하 부대에 필수적인 모든 지원 활동을 담당했다. 이전에 제23직접지원단에 보고했던 부대는 대구의 제19지원사령부에 보

고했다. 기본기능만 USAG 캠프 험프리스에 남아있게 됐다. 이후 제23직접지원단과 제19지원단은 제23지원단과 제19전구 육군지역사령부로 개명.

-1996년 6월 17일 미 육군 지원 활동지역III(USAG 지역 III)이 설립되어 캠프 험프리스, 캠프 롱, 캠프 이글 및 수원 공군기지에 배정된 미 육군부대의 평시 지원 임무를 담당하게 되었고 이때 캠프 험프리스 공보처도 처음으로 설치됐다.

-2004년 토지 교환 개정 협정에 따라 미국은 42개 군사 기지와 관련 시설이 있는 총 170㎢의 토지를 한국에 점진적으로 반환하고 미군을 서울 안팎의 주둔지역에 캠프 험프리스로 이동시키겠다고 약속

-2006년 5월 4일 경찰 행정대집행, 여명의 황새울 작전은 대추리 사건이라고 하며 대추리 시위는 캠프 험프리스를 대부분의 주한미군 주요기지로 확장하려는 한국과 미국 정부의 계획에 반대하는 일련의 대규모 시위, 대추리와 평택 인근의 다른 작은 마을 주민들이 2006년 집을 떠나 기지 확장을 허용하는 정부 합의에 동의하면서 결론이 났다. 토지에 대한 보상금은 주민 한 명당 평균 6억 원(미화 약 60만 달러)이었다. 반미단체의 대추리초등학교를 근거지로 이전 반대가 심했다. 10월 24일 시설 관리 사령부가 창설되면서 미 육군 지원 활동 III 지역은 2007년 3월 15일 미 육군 험프리스 수비대 및 제3 지역으로 재지정되었다.

-2007년 11월 13일 주한미군과 한국 관리들은 캠프 험프리스 확장을

위한 기공식을 거행했다. 이 계획에 따라 주한미군 28,500명 은 평택과 대구의 두 지역 허브로 통합되었다.

-2010년 6월 4일 원주시의 캠프 이글과 롱은 문을 닫아 캠프 험프리스의 시설 지원 활동으로 통합되었다. 미 육군은 여행 정상화 정책을 점진적으로 도입할 것이라고 발표했다. 독신 군인은 일반적으로 2년 동안 복무하고 가족을 데려온 군대는 3년 동안 머물렀다. 이전에는 대부분의 군대가 한국에서 1년 동안 동반자 없이 복무했다. 더 많은 가족을 수용할 수 있는 추가 기반 시설이 건설되다.

-2011년 9월 2일 미국과 한국 관리들은 캠프 험프리스에 850명의 학생을 수용할 수 있는 초등학교와 950명의 학생을 수용할 수 있는 고등학교 건설의 시작을 알리는 공동 기공식에 참석

-2013년 8월 26일 캠프 험프리스는 새로운 초등학교를 열었다. 새로운 초등학교는 유치원부터 5학년까지 총 875명의 학생이 등록

-2017년 미 육군은 Humphreys를 '태평양에서 가장 큰 전력투사 플랫폼'이라고 칭하다.

-2023년 기지 확장의 마지막 단계로 완료되면 Humphreys는 크기가 거의 3,500에이커로 세 배로 증가하여 미국 최대의 해외 군사 기지가 될 것이다(본토 포함 6번째). 더 많은 가족을 수용하기 위해 최대 12개의 12층 주택타워가 건설되며 험프리스의 인구는 45,000명을 초과할 것으로 예상된다.

3. 주한미군사령부 예하 주요부대

1) 주한미군사령부

주한미군사령부가 2018년 6월 29일 캠프 험프리스 수비대로 청사 이전을 완료하면서 '주한미군 평택시대'의 서막이 열렸다. 부지 면적 24만㎡(약 7만2,600평)에 4층 규모의 본관과 2층 규모의 별관으로 이뤄졌다.

한반도에 주둔하는 주한미군 전체는 미태평양사령부 직할 부대이다. 주한미군사령부는 미8군, 해군사령부, 해병대사령부, 특전단, 우주군사령부 등 6개 조직으로 구성되어 있다. 주한미해군사 및 해병대사, 특수전사는 평시에는 사령부를 구성하는 소수 인원과 장비만으로 기간 편성되어 있다. 전시 또는 한반도 위기상황 발생 시에는 미 태평양사령부 전력이 투입되어 월등한 전투력을 발휘하게 되어 있다.

2) 미8군사령부

미8군사령부는 주한미군사령부 예하 부대이나 별도 페이지로 p103에서 소개한다.

3) 주한미해군사령부

주한미해군사령부는 주한미군사령부 예하 부대이나 별도 페이지로 p82에서 소개한다.

4) 주한미해병대사령부 U.S. Marine Corps Forces, Korea (MARFORK)

1995년 용산기지에서 창설됐으며, 현재 사령부 본부는 다른 주한미군 부대와 마찬가지로 경기도 평택 캠프 험프리스에 있다. 한미 해병대는 6·25전쟁 인천상륙작전에서부터 함께 피 흘리며 승리의 역사를 일궈왔다. 상시 주둔 병력은 육·공군에 비해 소수이지만, 유사시 해외주둔 병력이 신속하게 전개해 한국 해병대와 연합해병구성군사령부를 구성한다.

평시에는 한국 주둔 미 해병대를 지원하고, 한미 해병대 간 군사교류 및 연합훈련을 조율하고 있다. 미 해병대 한국 내 전지훈련 KMEP (Korea Marine Exchange Program)는 한미 해병대의 연합작전 수행능력과 상호 운용성 향상을 위해 대대급 이하 미 해병대 전술 부대가 국내에서 우리 해병대 부대와 함께 실시하는 소부대 연합훈련으로, 매해 정기적으로 이뤄지고 있다. 주한 미 해병대는 자신의 임무를 '동북아 지역 안정을 유지하기 위해 대한민국의 방위를 지원한다'고 명시하고 있다.

5) 주한미특전사령부(SOCKOR)

주한미특전사령부(Special Operation Command Korea - SOCKOR)는 1988년에 창설된 주한미군의 하위 사령부로 육·해·공군의 특수부대가 총망라되어 있다.

주한미특전사령부(SOCKOR)는 한미연합군사령부와 주한미군(USFK), 유엔군사령부를 지원하는 특수작전 부대로 한반도에서 특수작전을 계획 수행하고 우리나라 지형과 상황에 맞는 훈련을 한다. 특히 우리 대한민국 육해공군 및 해병대와 정지적인 연합훈련 전술 토의 등으로 양국의 특수작전 임무 수행능력을 강화하는데 일조하고 있다.

주한 미 특전사령부에는 그린베레와 제160특수전 비행연대 E중대가 소속되어 있다.

한반도에서의 특수작전에 관련된 모든 사항을 담당하고 미 본토의 미합중국 특수작전사령부 및 예하 사령부와의 연락을 위한 기능적 구성 권역특수작전사령부, 구성군사령부가 아닌 권역 특수작전사령부인 만큼, 한반도로 파병 온 육/해/공/해병 미군 특수작전부대를 총괄하고 지원해주는 합동군 체계이다. 사령관은 미국군 준장이다.

6) 주한미공군사령부

주한미공군사령부는 주한미군사령부의 예하 부대이나 별도 페이지로 p124에서 소개한다.

4. 주한 미8군사령부 예하 주요부대

1) 주한 미8군사령부

미8군은 주한미군의 지상군부대이며 예하 부대로 주력 제2보병사단과 17항공여단, 제6항공여단(기병여단)이 있다. 17항공여단은 수송헬기로 미2사단 2여단의 공중 강습 지원 임무를 맡고 있고 제6항공여단은 공격헬기 여단이다. 17항공여단은 2사단 2여단의 공중 강습 지원 임무를 띠고 있고 서해 상 상륙작전과 기갑작전 임무를 맡고 있다.

2) 제2보병사단 / 한미연합사단

제2보병사단(2nd Infantry Divison)은 1917년 9월 21일에 창설된 미국 육군의 사단이다. 한국땅에 주둔 중인 미군 부대 중 실질적으로 전쟁억제력을 갖고 있는 주력 전투부대는 주한미군 군사력의 상징 미제2보병이다. 주요임무는 북한군 침공에 대비하여 다른 미군 부대가 대한민국에 도착할 때까지 전쟁 초기에 시간을 버는 것이다. 미국 제2보병사단은 카투사로 불리는 한국군과 함께 구성되어 있다. 특히 한반도가 분단된 남북한의 상황에서 미2사단은 북한과 경계한 최일선 DMZ 일원을 사령부가 파주시 및 동두천에서 주둔할 때 인계철선 역할을 해온 주요부대이다. 제2보병사단은 기계화보병사단이나 중사단으로 예하 3개 여단 중 1여단은 기갑여단, 2여단은 공중강습여단, 3여단은 스트라이커여단이라는 편제로 구성됐다. 즉, 미제2보병사단은 군단급 사단이다.

(1) 미2사단/한미연합사단 2전투항공여단(2CAB·2Combat Aviation Brigade)

세계 최초·유일의 2개국 연합전술제대 미2사단·한미연합사단은 세계 최강 공격헬기로 꼽히는 AH-64E 아파치 가디언을 중심으로 헬기를 활용한 공중 공격, 강습, 수송, 정찰 등 임무를 수행하는 2전투항공여단을 보유하고 있다. 제2전투항공여단의 역할은 제2보병사단에 대한 항공지원이다.

여단은 총 5개 대대로 이뤄져 있다. 각 대대는 공격과 강습, 수송, 정찰, 정비 등의 임무를 전담한다. '아파치 가디언 부대'로 유명한 4-2공격(Attack)대대와 5-17공중기병(Air Cavalry)대대, 블랙호크를 운용하는 2-2강습(Assault)대대, 시누크·블랙호크로 항공지원 임무를 수행하는 3-2일반지원(General Support)대대, 정비를 맡은 602항공정비대대가 여단을 구성하고 있다.

특히 현존 최강의 헬기로 평가받는 아파치 가디언은 적 전차, 장갑차 등 지상 무기체계를 박살 낼 수 있는 파괴력을 보유하고 있다. 1개 대대가 한 번 출격하면 적 1개 기갑여단을 괴멸시킬 수 있을 정도로 여단 예하 2개 아파치 가디언 대대 중 5-17공중기병대대는 지난해 5월 새롭게 창설한 부대다. 원래 여단에는 1개 대대가 상시 주둔하고, 다른 1개

대대가 순환 배치됐는데 고정 배치로 변경되면서 5-17대대로 탄생한 것이다. 이로써 한반도에 2개(48대 규모)의 미 육군 아파치 대대가 상시 주둔하게 됐다.

(2) 미2사단/한미연합사단 제210포병여단

제210포병여단은 미2사단사령부 예하 부대이나 동두천시에 여단본부가 주둔해 있다. 이 부대는 M270 MLRS와 ATACMS전술 지대지 미사일을 운용하고 있으며, 미2사단과 전시에 한반도로 증원되는 제8군의 화력지원 임무를 수행한다. 동시에 북한군의 장사정포 같은 장거리 야포를 견제하는 임무를 수행하고 있다. 전쟁억제력은 물론이고 제2 한국전쟁 발발 시 한미연합군의 주요 지상화력 전력으로써 활약할 부대로 평가받고 있다.

(3) 미2사단/한미연합사단 지원여단과 포병대대

미2사단 지원여단(2nd Infantry Division Sustainment Brigade)은 대한민국에 주둔한 모든 부대를 지원한다. 한편 지원여단 예하에 북한의 화생방 공격에 대응하기 위한 제23화생방대대가 있다. 포병대대(2nd Infantry Division Artillery)는 본부포대만 편성돼 있다.

3) 제35방공여단

제35방공여단은 미8군사령부 예하 부대이나 오산 에어 베이스에 여단본부가 주둔해 있고 뒤에서 다시 소개한다.

4) 주한미군 제1통신여단

제1통신여단(1st Signal Brigade)은 미국 육군의 통신 여단이다. 제8군 예하 부대로서 주한미군에 군사 통신 지원을 제공하고 있다. 여단 본부 및 본부중대는 캠프 험프리스에 두고 있다. 예하 36통신대대는 캠프 워커에, 제41통신대대는 캠프 험프리스에 있다. 여단장은 미육군 대령이다.

5) 제501군사정보여단

501군사정보여단의 정식 명칭은 501st Military In-telligence Group(501군사정보단)이다. 통칭 MI라고도 부른다. 주한미군의 501여단에는 4개의 대대가 있다. 3군사정보대대(3대대)는 제트기에 비해 낮은 고도로 비행하는 프로펠러를 띄워 북한을 상대로 각종 신호정보를 수집한다. 524군사정보대대(524대대)는 한국군 방첩사령부와 같은 존재로 주한미군 내로 침투하는 간첩을 막는 '방첩'과 주한미군의 비밀이 밖으로 새나가는 것을 막는 '보안', 그리고 한국군 정보사와 같은 인간정보를 수집하는 임무를 맡고 있다.

527군사정보대대(527대대)는 DMZ 일원 고지에 대형 안테나를 세워놓고 24시간 북한 지역에서 나오는 신호를 수집하고 있다. 532군사정보대대(532대대)는 유사시 전투부대가 화급하게 정보지원을 요청하면 즉각 첩보를 수집해 정보를 제공해주는 기동 정보부대이다. 주한미군 중에서 가장 중요한 존재로 501군사정보여단이 있어서 한국군의 가장 큰 약점인 정보력을 보완하며 지원해왔다.

501군사정보여단은 미공군5정찰단 그리고 한국의 방첩사와 정보사, 그리고 777부대가 수집한 첩보를 공유한다.

특히, RC-12X(가드레일) 정찰기 등을 통해 북한지역의 각종 신호정보(시긴트)를 수집한다. 501군사정보여단은 예하에 '524 정보대대'를 창설했는데 탈북민과 방북 경험자, 북한에 공관을 둔 서방 국가 등을 상대로 북한 정보(휴민트(HUMINT)를 수집한다. 1,500여 명의 군인과 민간인으로 구성된 이 여단 책임자인 위니거 대령은 주한미군 여군 정보장교 중 계급이 가장 높다. 육군의 항공 정보감시정찰 수단을 이용한 대북 정보 수집과 분석을 담당한다. 한편 제501군사정보여단장은 정보를 다루는 일이므로 꼼꼼한 업무 처리가 요구되기 때문에 전통적으로 여군 영관장교가 맡고 있다.

6) 미8군 65의무여단

주한 미8군 65의무여단은 2008년 10월 우리나라에 배치된 미 육군 의무부대다.

65의무여단의 모체는 1927년 10월 창설된 15의무연대다. 1941년 65의무연대로, 1944년 65의무단으로 재편성됐다. 1971년 18의무사령부에 이어 2008년 10월 65의무여단으로 이름을 바꿨다.

2019년 9월 20일 캠프 험프리스에 브라이언 올궂 육군종합병원이 완공됐다. 병원은 연간 5,000명의 입원 환자를 지원할 수 있도록 68개의 병상을 구비했다. 65의무여단 장병 450여 명이 이곳에서 근무하며 전투력 보존에 노력하고 있다.

병원은 미군 장병, 가족, 관계자, 카투사의 치료를 담당한다. 출산·분만 환자를 위한 산부인과뿐만 아니라 응급의학과, 정신건강의학과, 물리의학 및 재활센터 등 다양한 의료시설이 갖춰져 있다.

7) 미19지원사령부 예하 제94군사경찰대대(94th Military Police Battalion)

미19지원사령부는 미8군사령부 예하 부대이나 대구캠프에 사령부가 주둔해 있으나 여기서는 캠프 험프리스 내 주둔하는 부대를 소개한다. 제94군사경찰대대는 제19원정지원사령부 예하 군사경찰대대이다. 험프리스에 본부가 있으며 주한미군의 법집행, 보안 및 기동 지원, 군범죄자 격리 등이 역할이다. 예하 중대로 동두천시 캠프 케이시(제55군사경찰중대), 서울특별시 캠프 코이너(제142군사경찰중대), 대구시 캠프 워커(제188군사경찰중대), 캠프 험프리스(본부중대, 제557군사경찰중대, 제903군사경찰분견(군경) 경찰중대가 주재하고 있다.

8) 미육군 험프리스 수비대 / 기지사령부

USAG Humphreys는 군인, 민간인 직원 및 그 가족을 위한 커뮤니티 서비스, 시설 및 인프라를 제공하고 통합하는 동시에 주둔 전투부대가 '오늘 밤 전투'를 치를 수 있도록 혁신적인 노력을 지원한다. 명령에 따라 기지 방어를 설정하고 비전투원 대피 작전(NEO: Non-Combatant Evacuation Operation) 수행, 이를 위해 접수, 준비, 전진 이동 및 통합(RSOI:Reception Staging Onward Movement, and Intergration)을 지원한다.

아울러 USAG Humphreys의 비전은 임무, BASOPS(기지운영) 지원, 지역사회 및 생활의 질의 표준을 만드는데, 누구나 전속을 희망하는 기지가 되었다. 이는 우리의 파트너/단위부대가 군인, 민간인 및 그 가족으로 구성된 지역사회에 서비스를 제공하고, 오늘 밤 전투를 지원할 수 있게 함으로써 이루어질 수 있다. 가능한 많은 이웃, 지역사회와 교류협력을 통해 캠프 험프리스에 배속되는 군인 및 가족들에게 영내외의 생활 편의를 제공함으로써 모두가 생활하고 일하고 즐길 수 있는 최고의 임지로 만드는 데 그 역할이 있다.

5. 유엔군사령부와 한미연합사령부

1) 유엔군사령부

국제연합군 사령부(國際聯合軍 司令部)는 한국전쟁을 계기로 설립된 유엔의 군사령부이며, 유엔 창설 이래 유엔군사령부의 지휘를 따르며 창설된 다국적 연합군을 유엔군이라고 부른다. 1950년 6·25전쟁이 발발하자 1950년 7월 6일 유엔안보리는 유엔군 설치 결의안을 의결하여 미국의 책임하에 통합군사령부를 창설하고, 사령관을 미국 정부가 임명토록 하는 결의 84호를 채택했다. 이에 미국 트루먼 정부는 극동사령관인 더글러스 맥아더(Douglas MacArthur) 원수를 유엔군 사령관으로 임명했다.

1950년 7월 14일 이승만 대통령은 "현 적대행위가 지속되는 동안 대한민국 육해공군의 일체 지휘권(Command Au-thority)을 유엔군 사령관에게 이양한다"라는 공한을 발송했다. 이에 맥아더 유엔군사령관은 "한국군을 유엔군사령관 지휘하에 두게 된 것을 영광으로 생각한다"라고 회신했다.

1953년 7월 27일 유엔군사령관 마크 클라크(Mark W. Clark) 대장과 조선인민군최고사령관 김일성 원수, 중국인민지원군 사령관 펑더화이(彭德會)가 6·25전쟁 정전협정에 서명했다. 한미 양국 정부는 1954

년 11월 17일 "유엔사가 한반도에서 방어 임무를 수행하는 한 한국군에 대한 작전통제권을 유엔군사령관에 둔다"라는 합의의사록(Agreed Minutes)에 서명했다.

유엔군사령부는 1957년 7월 1일 도쿄에서 서울로 이전했다. 주한미군사령관은 태평양사령관의 지시에 의거하여 지휘권을 행사했으며 유엔군사령관은 8군사령관에게 한국군에 대한 작전통제권을 위임했다. 유엔사의 기능은 북한의 무력공격을 격퇴하고 정전협정의 이행 감독과 위반 시는 이를 조사·시정하며 주일 유엔사 후방기지를 유지 활용하고 유사시 파견되는 유엔 회원국 군대에 대한 통제 및 지원을 수행하는 데 있다.

유엔군사령관은 주한미군사령관이 겸직하고 있으며 부사령관, 참모장, 부참모장, 군사정전위원회, 일본에 위치하고 있는 후방지휘소, 연락장교단으로 구성되어 있다. 유엔군사령부(United Nations Command, UNC)는 매년 한반도 정전협정에 대한 이행 여부 등에 관해 보고 한다.

2) 군사정전위원회

군사정전위원회(MAC: Military Armistice Committee, 군정위)는 정전협정의 이행 감독, 위반사건을 협의 처리하는 기능을 수행하며 유엔사와 공산 측 각각 5명씩 10명으로 구성되었다. 군사정전위원회에는 유엔군 측 수석대표와 비서장이 있으며 공동경비구역(JSA)인 판문점에 경비대대가 배치되어 있고 한미연합으로 구성된 의장대를 보유하고 있다.

북한은 1994년 4월 28일 군정위 철수 이후 같은 해 5월 24일 판문점 대표부를 설치하여 운영하고 있다. 군정위 중국군 대표단은 1994년 12월 15일 완전히 철수했다.

군정위는 본회의, 비서장회의, 공동일직장교회의, 공동감시소조 활동으로 구성되어 있다. 본회의는 1950년 7월 28일부터 1991년 5월 29일까지 460회 개최했으나 1991년 3월 25일 유엔사 측이 군정위 수석대표를 한국군 황원탁 소장으로 임명하자 북한은 제461차 회의부터 불참했다.

1998년 6월부터 유엔사와 북한군 간 장성급 회담을 유지하고 있으며, 유엔사-북한군 장성급 대화 채널을 구축하고 있다. 국방부 정책실장과 유엔사 부참모장 간 협상에 의해 타결하여, 정전협정에 따라(in accordance with the Armistice Agreement) 미 측과 북한군 대화가 아닌 유엔사-북한군 간 대화를 하고 있다.

판문점에 주둔하는 공동경비구역 경비대대 파견 및 운영, 비무장지대(DMZ)에 있는 경계초소의 운영, 북한과의 장성급 회담 등 정전협정과 관련한 임무만 맡고 있다.

조(條)	항(項)
제1조 군사분계선과 비무장지대	-1항: 비무장지대 설정 및 유지(쌍방 2Km) -2항: 군사분계선 위치표시 -4항: 군사분계선 표식물 설치·감독 -5항: 한강 하구의 민간 선박 통행

조(條)	항(項)
제1조 군사분계선과 비무장지대	-6항: 비무장지대 내 적대행위 금지 -7항: 군사정전위원회 허가 없이 군사분계선 통과금지 -8항: 비무장지대 내 상대 지역 출입시 해당 지역 사령관 허가 -9항: 군정위 허가하에 비무장지대 출입 -10항: 비무장지대 내의 군사분계선 이남 민사행정 및 구제상업은 국제연합군 총사령관이, 군사분계선 이북은 조선인민군 최고사령관과 중국인민군사령원이 공동으로 책임 -11항: 정전협정 감시·감독 관련 인원 비무장지대 내 이동 보장
제2조 정화 및 정전 의 구체적 조치	-12항: 한반도 내 적대행위 완전 중지·보장 -13항: 서해 5개 도서통제, 군정위 및 중감위 활동에 필요한 통신·교통편 제공, 군정위 본부 부근 쌍방 비행장 건설·관리 중감위 인원에 대한 특권 및 면제 부여 -14~16항: 지상, 해상 공중 군사력의 경계선 존중, 해상봉쇄 금지, 영공존중 -17항: 정전협정 집행 책임→ 조인자와 후임 사령관 -18항: 군정위·중감위 활동 비용 쌍방 부담
제3조 군정위 구성, 책임과 권한	-19~22항: 군정위 설치, 구성, 보조 인원 운영, 비서처 -25항: 군정위 본부 구역 위치(판문점 부근), 세부 임무 규정 -34항: 군정위 보고 및 회의록의 문서철 보관 -35항: 군정위, 쌍방 사령관에게 정전협정 수정·증보에 대한 건의 제출
제4조 중감위 구성, 책임과 권한	-36~39항: 중감위 설치, 구성, 비서처 운용 -42항: 중감위 본부 설치 위치(판문점 부근) -44~48항: 중감위 개최·기록·보고 -49항: 중감위, 군정위에 정전협정 수정·증보에 대한 건의 제출 -50항: 중감위 및 군정위에 통신 대책 지원·보장

조(條)	항(項)
쌍방 관계 정부들에게 건의	-61항: 쌍방 사령관 합의하에 수정과 증보 -62항: 정전협정 수정·증보 또는 정치적 수준에서의 평화적 해결을 위한 협정에 의한 교체 시까지 유지

3) 군사정전위원회 비서처와 한국군 연락단

군사정전위원회 한국군 연락단의 임무 및 기능은 군정위에 관한 정책 및 계획수립, 군전위 한국대표의 자문, 유엔군사령부와 군정위에 관한 연락 및 정전업무에 관한 기타 군정위에 관한 업무수행 등이다. 특히 판문점 지역 방문객에 대한 유엔사 협조 및 안내 등 기능 수행에 있어 국내외 인사의 판문점 방문에 대해 중요한 역할을 하고 있다. 우리나라를 방문하는 외국인 관광객들이 제일 많이 가고 싶은 장소가 판문점과 DMZ(비무장지대)이다.

판문점 방문책임 및 통제권한은 유엔사령부 군사정전위원회 비서처가 담당하고 있다. 군정위 비서장(대령)은 방문계획에 대한 감독자로서 책임을 지는 것은 물론 방문에 대한 모든 방침을 주기적으로 검토하고 방문 순위 결정의 최종적인 권한을 갖고 있다.

4) 유엔사 경비대대(UNCSB-JSA) / 캠프 보니파스(Bonifas)

유엔사 경비대대는 한국전쟁 당시인 1952년 5월 5일, 정전협상에 참가한 유엔군사령부 군사정전위원회 지원단 요원들에 대한 신변안전과 군수물자 등 업무지원을 목적으로 장교 5명과 사병 10명으로 유엔군 사령부 산하로 창설하였다. 이 경비대는 처음에는 미군으로만 구성됐으나 1992년 4월 18일부터 한국군 1개 경비대대 병력이 투입돼 공동 근무하고 있다.

위치는 경기도 파주시 문산읍, 비무장지대 남쪽 400m, 군사분계선 2,400m 남쪽에 있다. 비무장지대 남방한계선에서 약 400m 군사분계선으로부터 약 2㎞ 후방에 있다. 이 기지는 1976년 8·18 도끼만행 사건으로 희생당했던 보니파스 대위를 추모하기 위해 캠프 보니파스로 있으며 고유 명칭은 '유엔군사령부 전방 기지'이다. 한국군과 미군이 합동으로 편성된 통합 지휘체계를 유지하고 있는 유엔사경비대대는 미8군 소속부대로서 유엔군사령관의 작전통제하에 있으며 유엔사 군정위, 비서처 참모 감독하에 운영된다.

유엔사 경비대대에서 주요 활동은 판문점 공동경비구역을 비롯해 캠프 보니파스의 경비 및 OP(Observation Post)의 운용, DMZ(Demilitarized Zone) 수색정찰 및 매복작전, 판문점 견학 프로그램 운용 및 관광객 경호 등이며, 비무장지대 내에 있는 대성동 자유의 마을 대상으로 민정 업무 및 주민보호 활동도 실시하고 있다.

5) 중립국감독위원회(NNSC)

중립국감독위원회는 스위스, 스웨덴, 폴란드, 체코슬로바키아로 구성되어 있었다. 남과 북의 정전협정 이행 여부를 확인 감독하고 분쟁을 예방하며 국외로부터 군사 인원, 작전 장비, 무기, 탄약 등의 반입 및 교체에 대한 감독 결과를 군정위에 보고하고, 군정위 요청 시 이외 지역에서의 정전협정 위반사건을 조사하는 것이 중립국감독위원회의 역할이다. 북한에서는 체코슬로바키아가 1992년 4월, 폴란드는 1995년 2월에 본국으로 추방되었다. 폴란드 대표단은 본국에서 중감위 기능을 수행하고 있으며, 분기 1회 판문점 회의에 참석한다. 현재 상징적으로 존재하고 있다.

6) 한미연합사령부(ROK·US Combined Forces Command, ROK·US CFC)

한미연합군사령부는 1977년 7월 26일 제10차 한미안보협의회의(SCM)에서 합의한 '군사위원회 및 한미연합군사령부 권한위임사항(TOR, Tems of Reference)'과 1978년 군사위원회회의에서 하달한 '전략지시 1호(1978.7.28.)'에 의거하여 1978년 11월 7일 1978.7.28.) 한미연합군사령부를 창설했다.

한미연합군사령부 창설로 정전협정 관리 임무를 수행하고 유엔군사령관이 해오던 작전통제권을 연합사령관에게 이양했으며, 전쟁 억제와 억제 실패 시 전쟁에서 승리하는 임무를 한미연합사령관에게 이양했다. 한국 정부는 1994년 12월 1일 한미전략지시 제2호(1994.10.6.)에 의거하여 연합사로부터 한국 합참으로 작전통제권을 전환했다.

한미 연합방위체제의 실질적 운영주체로 미군 4성 장군이 사령관이 되고 한국군 장성이 부사령관이 되며, 사령부 참모의 구성은 한미 간

동률 보직에 따라 편성하는 등, 어느 한쪽의 일방적 의사결정을 배제한 실질적인 한미 연합지휘기구이다. 그 예하에 지상군, 해군, 공군의 구성군사령부 등을 두고 있다.

한미연합사령관은 평시에도 연합권한위임사항(CODA)을 통해 위기관리, 정보감시, 전시 작계발전 및 연합연습, 연합합동교리 발전, 상호운용성 등 주요권한을 행사했다. 한미연합 연합사령관은 예하 주한미군과 한국군 부대를 지휘 통제하기 위해 전군자동화 지휘통제관리체계(TACCIMS)를 운용하고 있다. 그리고 이 관리체계의 기능 보강을 위하여 미국의 범세계 지휘통제체제와 동일한 환경으로 발전시켜 한반도 지휘통제자동화체제(GCCS)를 운용하고 있다. 이는 정보과학전의 성격을 띠고 있는 현대전에서 지휘통제(C2)의 핵심요소인 정보유통의 신속성, 통합성, 적응성을 보장하기 위한 것이다.

실제로 주한미군은 한미연합사(미군)·유엔사·주한미군사의 구성원이 거의 일치한다. 유엔사는 군사정전위원회를 제외하고 나면 미군 지휘부와 같은 구성의 조직이다. 소속은 미국 및 대한민국의 국방부이며 연합사령관은 미군 대장, 부연합사령관은 대한민국 국군 대장이고 참모장은 미국 중장, 부참모장은 대한민국 국군 소장이다. 사령부는 2022년 11월 USAG 험프리스에 이전을 완료했다. 한미연합사령관은 유엔군사령관, 주한미군사령관을 겸임한다.

6. 캠프 험프리스 현황

1) 주한미군 명소

미8군 기념비

한국전 역사기념비

전 미8군사령관
월튼 해리스 워커 장군 동상

비이컨 힐 추모공원

미8군/2사단 전사 박물관

2) 캠프 험프리스 편의시설

주한미군사령부는 장병들의 한국 생활이 '내 집만큼 편한 곳'이 되게 만들고자 다양한 복지제도를 시행 중이다. 온 가족이 함께 왔을 때 아이들 교육에 공백이 없도록 험프리스 기지 내 초·중·고등학교를 설치한 것이 대표적이다. 영화관, 커미셔리(Commissary·식료품 등을 파는 매점), 도서관, 커뮤니티활동센터(CAC) 등 미국의 여러 문화시설도 고스란히 가져다 놓았다.

이로 인해 험프리스는 '대한민국 내 작은 미국'으로 불린다. 특히 1만2500㎡의 규모를 자랑하는 PX는 주한미군의 모토인 '홈 어웨이 프롬 홈(Home away from home·제2의 고향, 마치 내 집처럼 편안한 곳)' 실현에 앞장서고 있다.

이곳에선 생필품부터 TV·컴퓨터 등 가전기기와 소파·테이블 등 커다란 가구까지 판매한다. 푸드코트도 입점해 있다. 기지 구성원들은 집밥이 그리울 땐 식사를 책임지는 병영식당 디팩(DFAC·Dining Facility)을 가면 된다.

V

오산 에어 베이스
(K-55, Osan Air Base)

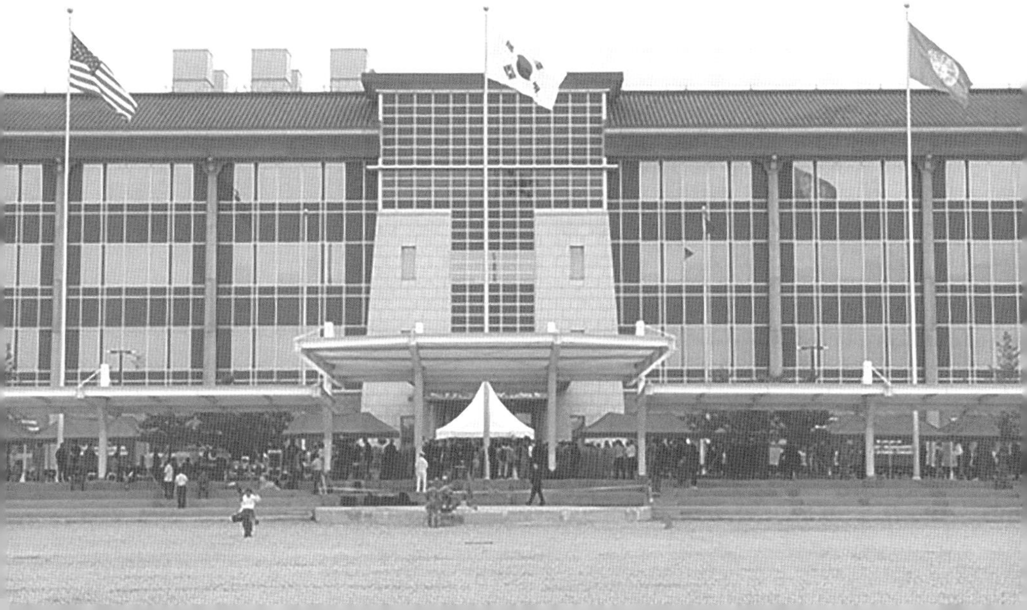

1. 오산 에어 베이스 유래와 역사

오산공군기지는 한국전쟁이 한창이던 1951년 11월, 미국이 한국에 전투지원단을 지원하는 공군부대 주둔지로 평택군 송탄면, 서탄면 진위천 들판에 인접한 야리·적봉리·신야리 일대를 지정하면서 생겨났다. 이곳을 '오산리(Osan-Ni)'라 했고 기지 이름을 '오산리 AB(Osan-Ni AB)'로 명했다.

1952년 초 한국과 미국은 K-55 기지를 건설하기 위해 강제로 주민들을 이주시키고 그해 7월부터 미 공병대와 한국인 노무자들을 투입해 두 달 반 만에 2,740m의 비행장 활주로를 완성했다. 1952년 11월 본격적으로 미공군기지가 운용되면서 서탄면 적봉리에 있던 부대 정문을 현재 위치인 신장동으로 옮겼다.

1953년 7월 휴전협정이 맺어지고 그해 10월 한국과 미국은 '한미상호방위조약'을 체결해 미군이 계속 한국에 주둔하도록 하는 법적 근거를 마련했다. 1954년 1월 '항공전술본부'가 재배치됨으로써 한국 내 미국 공군의 주된 허브기지가 됐다. 이때부터 부대 정문을 중심으로 미군들을 상대로 한 상점과 위락시설이 밀집한 기지촌이 본격적으로 형성되기 시작했다.

1956년 9월 공식 명칭을 '오산리 AB(Osan-Ni AB)'에서 지금 사용하고 있는 '오산 AB(Osan AB)'로 바꿨다. 1971년 11월 군산비행장에 배치됐던 3rd전술전투비행단의 36th 전술전투부대가 오산베이스로 옮겨왔고 1974년에 51비행단으로 재편됐다.

1988년 F-16이 배치되면서 격납고와 군수품 저장소 및 숙소 등이 새롭게 건설됐고 1993년 10월 1일 제51전투비행단으로 개편됐다.

송탄의 오산공군기지(Osan Air Base)는 한미 공군의 핵심 기지다.

주한 미공군의 허브인 미7공군사령부와 우리 대한민국 공군 작전을 총괄하는 작전사령부도 있다. 특히 7공군사령부는 미태평양공군사령부 중 중국과 러시아와 가장 인접한 주력부대이다.

오산 공군기지의 총면적은 8.54㎢(258만 평)이며, 총인구는 약 13,000명이다. 현재 연합토지관리계획(LPP)의 일환으로 당현리 알파탄약고가 오산 공군기지 내 서쪽으로 이전 계획이 추진 중이다. 오산 미군기지는 4만7천여 명의 주한미군과 그 가족이 한국을 드나드는 관문이기도 하다. 이들은 오산기지 북단 활주로 동쪽에 있는 미공군사령부 터미널(MAC)을 통해서 출입국을 한다.

2. 오산 에어 베이스 내 주둔 주요부대

1) 미제7공군사령부(Seventh Air Force Korea)

미7공군은 대한민국 경기도 평택시 송탄의 오산 공군기지에 본부를 두고 있는 미국 태평양 공군 예하의 번호가 부여된 7공군으로 주한미군에 공군 전력을 제공하고 있다. 한미연합군사령부(ROK-US Combined Forces Command)에 소속된 공군구성군사령부의 사령관 임무를 겸직하고 있다.

사령부를 오산기지에 두고 항공작전대, 항공지원작전단, 정보감시정찰단으로 편성되어 있다. 오산 에어베이스는 태평양 지역에서 가장 큰 공군기지로 미태평양 공군사령부 산하이다. 제7공군 사령관은 중장으로서 한미연합사령부 공군구성군사령부의 사령관이기도 하다.

제7공군 예하의 제51전투비행여단은 F-16전투기로 편제되어 있는 제36전투비행대대와 대전차 폭격기인 A-10기로 무장된 제25전투비행대대, 편제부대는 아니나 오산기지의 정찰대(U-2)와 구조적인 임무를 수행하는 파견대(UH-60)가 주둔하고 있다. 또한 군산에 주둔하고 있는 제8전투비행여단은 F-16을 보유하고 있는 제35전투비행대대와 제80전투비행대대로 구성되어 있다.

현재 기지에는 9,000명이 주둔하고 있고 7공군 주력부대인 51전투비행단과 제5정찰단, 제31특수작전항공단, 제303정보단, 제631공수기동지원단, 제33구조단 등이 배치돼 있다. 주로 전투기종인 F-16, F-15 폭격기, A-10기가 주종을 이루며 수송기 C-130과 소형 정찰기, 헬기 및 국내외 기지를 운행하는 민항기들이 하루 평균 54~123회 운행하고 있다. F-16C/D 3개 비행대대 72대와 A-10 공격기 1개 대대 20대. 그리고 U-2 고고도 정찰기 약 3대가 주요 전력이며 약간의 구조전단 소속 헬기가 존재한다.

2) 제51전투비행여단(51th FW)

제51전투비행여단은 태평양 최강의 전투력을 자랑하는 제25전투비행대대와 제36전투비행대대가 있다. 제25전대(OA-10C)는 A/OA-10A 공격기 20여 대, A-10가 21대, 제36전대(F-16C/D)는 F-16전폭기 30여 대가 배치돼 있다. F-16 전투기로 편제되어 있는 제36전투비행대대와 대전차 폭격기인 A-10기로 무장된 제25전투비행대대가 있다. 또 강력한 공격 능력을 지닌 MH-53J 헬기 5대가 배치되어 있다. 제731항공수송대대, C-12J 1개 대대 보유, 한미연합특전사령부에 대한 공수 지원을 하는 것으로 알려져 있다.

3) 제5정찰단(U-2)

제5정찰단은 미12공군 9정찰비행단의 예하 U-2기부대로 북한 전역을 상대로 신호정보와 영상정보를 수집한다. U-2기는 미국에 직접적인 정보제공을 위해서 밤낮, 높은 고도, 모든 날씨 등 어느 지역에서도 감시 비행을 할 수 있으며 지상과 공군을 연결시켜준다. U-2기는 한 개의 엔진과 한 개의 좌석으로 되어 있으며 높은 고도에서 임무를 수행하는 정찰 항공기이다.

U-2기는 1996년 한국에 전개되었고 장미함도 고공 장시간 비행으로 가볍지만 고도 기술이 필요한 장비들이고 팀워크로 임무 수행이 이루어지고 있다. 이들은 교대로 하루에 1차례씩 출격하며 군사분계선 인근의 20㎞ 고공에서 7~8시간씩 비행하면서 군사분계선 이북 60~70㎞의 북한 지역을 TV 카메라로 살펴보듯이 샅샅이 정찰하고 있다.

4) 제35방공여단

제35방공여단은 평택시 오산 에어 베이스에 여단본부가 주둔해 있고 예하 패트리어트 PAC-3 포대가 오산, 군산, 광주 공군기지에서 방호 임무를 수행하고 있고, 트리어트 PAC-3와 어벤저(Avenger)로 주한미군기지 방호 임무를 수행 중이다. 그리고 경북 성산기지에 사드 포대가 전개되어 미사일 방어 임무를 수행하고 있다.

5) 주한 미공군 607전투기상대대

607대대 미 기상부대는 6·25전쟁 때부터 우리나라에 주둔하고 있다. 2021년 6월부터는 기존 607기상대대 이름 중간에 '전투(Combat)'가 붙었다. 607대대는 공군 부대이지만 완벽한 작전 성공과 승리를 위해 매 순간 기상 예보 등 기상지원을 총괄하고 조정한다.

또한 주한 미공군 607전투기상대는 주한미군사령부, 미8군사령부, 미2사단/한미연합사단, 미2전투항공여단 등에 기상정보를 지원하고 있다. 또 한미연합군사령부, 공군기상단, 한미연합기상국, 기상청의 연락책 임무를 수행하고 있다.

우리 공군기상단과도 매일 협력하고 있다. 한반도 날씨 예측의 정확성과 일관성을 유지하고, 서로의 역량을 합쳐 시너지 효과를 내기 위해서다. 특히 한미 기상대가 최근 가장 신경 쓰는 건 우주기상이다.

6) 제607항공작전센터(607th Air Operations Center)

제607항공작전센터(607th Air Operations Center)는 제7공군의 예하 부대로 한반도에 주둔하고 있는 주한미군 공군의 항공작전 기획 및 지휘통제를 역할을 하고 있다. 또한 한반도 지역의 항공, 우주, 사이버 작전을 관할한다. 최근 자동 전술표적화·대화력타격순환체계(ATACS)를 개발해 운용하는데 이 체계는 미 공군의 자체 전술통제체계인 링크-16을 활용해 전투기 조종석에서 실시간 표적정보 수신이 가능하게 하는 것이 특징이다. 이 센터에는 90명의 정보 전문가가 근무한다.

7) 우주군 사령부(SPACEFOR-KOR)

주한미군은 2022년 12월 14일 북한 미사일 감시 등의 임무를 수행하기 위해 오산기지 내에 주한미군우주군을 창설했다. 주한미군우주군은 인도태평양사령부와 중부사령부에 이어 미군이 해외에서 세 번째 창설한 우주군 부대로 미 인도태평양우주군사령부의 예하 부대이다. 주한미우주군은 미우주군의 야전구성군사령부 기능을 하며 우주 기획, 우주 전문역량, 우주 지휘통제 등을 주한미군사령관에게 제공한다.

또한 미사일 경보와 위성위치확인시스템(GPS), 위성통신 등 임무를 하며 특히 실시간 감지 수준의 미사일 경보가 가능할 것으로 보인다. 현재 한반도에 배치된 우주군 장병은 항공, 우주, 사이버 작전을 관할하는 오산공군기지 내 제607 항공작전센터(607th Air Operations Center)에서 근무하고 있다. 부대 지휘관의 사령관은 중령이 맡는다.

8) 제7공군사령부 내 정보탐지 주요 3대 비밀시설

(1) 전역미사일 항공통제센타 HTACC(The Hardened Theater Air Control Center)

HTACC는 공군구성군사령부 작전의 중추 역할을 한다. 남북한은 물론 동북아 일대 극동지역의 모든 유동적 비행물체에 대한 정보를 파악하고 각종 미확인 비행물체에 대한 대응책을 수립하여 지하 격납고에서 미사일을 발사시킬수 있는 일종의 작전기지이다.

(2) 중앙방공통제센타 MCRC(Master Control Reporting Center)

MCRC는 HTACC가 이 같은 작업을 할 수 있도록 전국 각지의 고정 및 이동 레이더망으로부터 각종 정보를 끌어모으며 한미 양국군 공군기 조종사에게 구체적인 요격명령을 내리고 항공기를 유도한다.

(3) 전투작전정보지원센터 KCOIC(Korea Combat Operations Intelligence Center)

KCOIC는 한미 양국군의 영상 및 통신 감청정보, 인간정보 등이 집결되는 핵심 정보시설이다. 영상정보는 미 첩보위성기와 U-2, AWACS 등으로부터 실시간으로 받아본다. KCOIC에 종합된 정보는 곧바로 캠프험리스 한미연합사와 대한민국의 합참 지휘통제실로 전달된다. 이 시설들은 1986년에 설립되었으며 한국군과 미군 요원이 절반씩 모두 600여 명이 근무하는 것으로 알려져 있고 핵공격에도 견딜 수 있다고 한다.

3. 오산 에어 베이스 현황 및 문화시설

1) 오산 에어 베이스 명소

-총검고지(180고지) 전적지

오산공군기지(Osan Air Base) 내에는 미군 스미스 부대가 중공군과 1951년 2월 7일 전투를 벌인 '총검의 전투(Battle of Hill)'가 일어났던 곳으로 총검고지(180고지) 전적지가 세워져 있다.

2) 오산 에어 베이스 편의시설

미7공군사령부 내에는 1만2천여 명의 주한미군 및 군속들이 있는데 다른 어느 지역의 미군기지보다 기지 내 시설이 잘 갖추어져 있어 주말이면 군산 등에 있는 미군들이 버스를 빌려 타고 올라올 정도라고 한다. 부대 내에 학교와 각종 쇼핑몰, 병원 등이 갖춰져 있어 미군들이 살기에 최적의 복지시설을 자랑한다.

미국 국방부 산하 교육처(Department of Defense Education Activity; DoDEA)에서 관할하는 미군 및 관계자 자녀들을 위한 학교로 오산초등학교(Osan Elementary School)와 오산중학교/고등학교(Osan Middle & High School)RK 있다.

3) 오산 에어파워데이(Air Power Day)

오산 에어파워데이(Air Power Day)는 한미 공군 간 동맹을 강화하고 대국민 신뢰를 증진한다는 취지로 2012년부터 시작됐다. 주한 미공군51전투비행단과 우리 공군작전사령부는 끈끈한 팀워크로 행사를 주관한다. 행사에는 한반도에 전개한 장거리 전략폭격기 B-1B 랜서가 전시돼 언론의 주목은 물론 많은 시민의 관심을 받고 있다. 에어쇼에서는 미 공군 F-16, A-10, U-2, C-17 항공기 등의 공중기동 시범이 펼쳐WL고, 대한민국 공군 KT-1, TA-50의 단기기동 시범과 행사의 꽃인 블랙이글스 에어쇼가 펼쳐진다.

4) 평택 오산기지를 통해 방문한 미국 대통령

미국 대통령은 세계적인 뉴스를 제공하기 때문에 뉴스메이커이다. 그간 한국을 방문하는 미국을 비롯한 국가 원수는 서울공항을 이용했다. 역대 미국 대통령이 그간 서울공항을 통해 한국을 방문했으나 오바마 대통령 이후부터는 평택의 오산 공군기지를 통해 입국했다가 되돌아가는 경향이다.

미국의 대통령과 부통령 및 정부 고위관계자들이 오산공군기지를 이용하는 이유는 미군기지이기 때문에 경호가 더 용이하다. 두 번째로 기존 활주로 옆에 새 활주로가 들어서면서 하늘을 나는 백악관으로 알려진 미 대통령 전용기 에어포스원을 비롯해 대형 수송기의 이착륙이 수월해졌기 때문이다. 미 대통령이 방한하면 전용기와 함께 미해병대가 운용하는 다목적 전용헬기 마린원(VH-60N 화이트 호크)과 전용차량인 캐딜락원 '더 비스트' 및 경호차량이 동행한다.

구분	대통령 / 부통령	방문 일시	주요 내용(방문지)
1	버락 오바마(44대) (Barack Hussein Obama)	2009.11.18.~19. (1박 2일)	-이명박 대통령과 정상회담 -공식 실무 방한
2	버락 오바마(44대) (Barack Hussein Obama)	2012.03.26.~27. (1박 2일)	-핵안보 정상회의 참석차 -DMZ(비무장지대) 방문 -이명박 대통령과 정상회담 -한국외국어대학교 강연
3	버락 오바마(44대) (Barack Hussein Obama)	2014.04.25.~26. (1박 2일)	-박근혜 대통령과 정상회담 -한국 경제계 인사 만남 -한미연합사령부 방문
4	펜스 부통령(48대) (Michael Richard Pence)	2018.02.08.~10. (2박 3일)	-평창 올림픽 대표단/개막식 참석 -평택 해군2함대 / 천안함기념관 -북한 탈북자와 만남
5	도널드 트럼프(45대) (Donald John Trump)	2017.11.07.~08. (1박 2일)	-문재인 대통령과 정상회담 -캠프 험프리스 한미 장병 격려 -국회 연설 -국립현충원 참배
6	도널드 트럼프(45대) (Donald John Trump)	2019.06.30.~07. 01. (1 박 2일)	-판문점 방문 -문재인 대통령과 정상회담 -김정은 국무위원장 정상회담 -오산공군기지 미장병에게 연설

구분	대통령 / 부통령	방문 일시	주요 내용(방문지)
7	조 바이든(46대) (Joe Biden)	2022.05.20.~22. (2박 3일)	-윤석열 대통령과 정상회담 -삼성전자 방문 -캠프 험프리스 방문 -공군기지(항공우주작전본부) 방문
8	카멀라 해리스 부통령(49대) (Kamala Devi Harris)	2022.09.22. (무박 1일)	-윤석열 대통령 예방 -한국 각 분야 여성계와 만남 -판문점 및 DMZ 방문

VI

주한미군 이모저모

1. 주한미군들의 일상생활

미군들은 보통 아침 6시에 체력단련(Ewercise 또는 Physical Training)을 위해 집합하지만 모이는 시간은 각 부서별로 다르다. 해당 부서의 책임자에 따라서 하루 일과를 마치고 오후 4시부터 운동을 하기도 한다. 이것을 미군들은 'Gym Time'이라고 하는데 우리의 점호와는 다르다. 항상 강한 체력을 유지할 수 있도록 부서별로 체력단련을 프로그램을 운영하기도 한다. 하루 일과는 보통 8시에 시작해서 오후 4시 또는 5시에 마감한다.

근무시간 이후에는 개인 시간이 주어지는데, 이 시간에는 자유로이 외출할 수 있어서 시내에 있는 쇼핑물, 극장, 또는 식당 등을 많이 이용하면서 한국에 대해 알아간다. 특히, 한국에서 만든 옷은 품질이 우수해서 미군들에게 인기가 많다. 주말이나 공휴일에는 친구 혹은 직장 동료들과 어울려서 맥주나 소주를 한잔 즐기는 경우가 많다. 주한미군의 부대 복귀시간(Curfew)은 매일 새벽 1시이다. 부대 복귀시간은 엄격하게 준수하여야 하며, 이를 위반하면 미국 통일군사법전(UCMJ, Uniform Code of Military Justice)에 의하여 강력하게 처벌을 받는다. 통상적으로 1계급 강등 및 정해진 시간만큼 봉사활동을 하여야 한다.

미군들은 주말이나 휴가를 이용하여 한국관광을 많이 한다. 각 부대별로 미군들을 위한 다양한 여행 프로그램들이 준비되어 있는데 미군장병 복지후생재단인 USO(United Service Organization), ITT(Infornation Tickets Travel) 또는 부대 내 여행사 등을 통하여 한국의 유명한 곳을 둘러보기도 한다. 주로 비무장지대(DMZ)를 많이 방문하며, 코엑스, 롯데월드, 한국 민속촌, 잠실 야구장 등도 주한미군들이 많이 찾는 곳이다. 일부 스포츠 마니아들은 지역에서 주최하는 마라톤대회나 철인3종 경기에 출전하기도 한다.

2. 미군의 중추, 하사관

미군의 하사관 제도는 독특한 면을 가지고 있다. 우선 병 생활을 체험하지 않고는 하사관으로 임용될 수 없다. 미군 하사관의 계급 체계는 E-1으로부터 E-9까지 등급(미 육군은 이를 급여등급, 즉 pay grade라고 함)으로 되어 있다. 이중 우리의 병사들인 이등병, 일병, 상병, 병장에 해당하는 계급이 E-1(Recnuit) E-2(Private) E-3(Private first), E-4(Corporal)이고 우리의 하사관에 해당하는 하사, 중사, 상사, 원사는 E-5(Sergeant), E-6(Staff Sergeant), E-7(Sergeant firest class), E-8(Master Sergeant), E-9(Sergeant Major)로 세분화된다고 볼 수 있다.

병사들의 계급 중 E-1부터 E-3까지는 확실히 병사급이지만 E-4(Corporal)는 직업군인으로서 분대장 또는 부분대장 등 초급 지휘자의 길에 접어든 하사관이라 할 수 있다. 하사관의 역할을 구현하기 위하여 하사관에게 부여된 권한(미군은 권한 대신 책임이라는 용어를 사용)은 다음과 같다.

△부대원 건강관리 및 체력검정 책임, 소속대 하사관 및 병에 대한 검정 실시 및 결과 처리, 불합격자에 대한 부적격 전역 상신 △부대 임

무달성에 필요한 병 교육계획 및 실시 △개인 화기, 장비, 각종 공용화기에 대한 검열 △하사관 간부계발 교육 및 성과 측정 △부대원의 군기유지에 대한 책임 △부대원의 근무편성, 휴가, 포상에 대한 권한 △병사의 외출 승인 권한 등이다.

특히 이색적인 것은 미 육군의 경우 사병으로 복무 중 우수한 근무자가 장교로 임관할 기회가 주어진다는 것이다. 이는 미공법(Public Law) 제10조에 의거한 미군 전역장교의 하사관 재복무라는 제도로 오랜 역사를 가지고 완전히 정착된 제도이다.

전역 장교가 하사관으로 재목무하기 위해서는 과거에 사병으로 복무한 경력이 있어야 한다.

이는 장교 신분에서 하사관으로 재복무 시 여러 가지 리더십 환경이 달라짐으로써 장교 신분이었을 때만큼 우수하게 근무한다는 보장이 없으며, 자칫 계급을 상향 부여하게 되면 초급하사관들로부터 존경받을 수 없게 되기 때문이다.

미군의 경우 본 제도를 매우 유용한 제도로 인정하고 있는데 특히, 군이 많은 예산을 투자하여 양성한 우수 인력을 다시 군에서 활용한다는 점과 장교·하사관 간의 관계증진이라는 측면에서 긍정적으로 평가되고 있다.

3. 미군의 호칭

미군 상호 간의 호칭은 우리 한국군과 흡사하여 다음과 같이 구분할 수 있다. 우선 상병인 Corporal의 경우는 'Corporal'로 호칭하고 나머지 병들은 일반적으로 이름(First name)을 부른다. 하사관들은 'Sergeant Major, First Sergeant'의 경우는 그대로 호칭하고, 나머지 하사관의 경우 'Sergeant'로 단순하게 호칭한다.

소위와 중위는 Second Lt.와 First Lt.로 구분하고 있지만 문서로 기록할 때를 제외하고는 대부분의 경우 Lt.라는 호칭을 사용한다. 그리고 영관장교의 경우 중령과 대령을 그냥 Colonel로 일괄 호칭을 사용한다. 장성들의 경우 일반적으로 Generl로 일괄 호칭하는 것과 마찬가지의 호칭이 다른 계급에도 같은 방식으로 적용된다.

상급자와 대화 시 남자 상급자에게는 'Sir', 그리고 여자 상급자에게는 'Ma'am'이라는 단어를 반드시 붙여 사용한다. 준사관은 우리 한국군과 마찬가지로 장교에 준하는 대접을 받는다. 준사관에 대한 호칭은 'Mister' 또는 'Miss(Mrs)'를 붙여 계급에 상응하는 예의를 표시한다. 좀 더 비공식적인 자리에서는 'Chief'라는 명칭으로 부르기도 한다.

4. 주한미군의 장군

주한 미 4성 장군은 주한미군 선임장교로 주한미군사령부 사령관이 한미연합사령관, UN군사령관을 겸직하고 있다. 국내 주한 미장성에 대해 알아본다.

구분	부대	직책	비고
4성장군	유엔군사령부	사령관	미육군 대장 1인이 3개 직책을 맡아 임무수행(캠프 험프리스)
	한미연합사령부	사령관	
	주한미군사령부	사령관	
3성장군	미8군사령부	사령관	육군 중장
	한미연합사령부	참모장	미8군사령관 겸임
	미7공군사령부	사령관	주한미군/한미연합사/유엔사 부사령관
	주한미군사령부	부사령관	미7공군사령관 겸임
	유엔군사령부	부사령관	주한미군 아닌 중장
2성장군	유엔군사령부	작전참모부장 전략기획참모부장	-육군 소장 -해병대 소장
	한미연합사령부	작전참모부장 전략기획참모부장	
	주한미군사령부	작전참모부장 전략기획참모부장	

구분	부대	직책	비고
2성장군	미육군보병2사단	사단장	육군 소장
	유엔군사령부	참모장	영국 육군
	미8군사령부(지원)	부사령관	육군 소장
장군	미8군사령부(작전)	부사령관	육군 준장
	미8군사령부	작전처장	육군 준장
	제19원정지원사령부	사령관	육군 준장
	미7공군사령부	부사령관	공군 준장
	미제2보병사단	부사단장	육군 준장
	미제2보병사단(지원)	부사단장	육군 준장
	주한미해병대사령부	사령관	해병 준장
	주한미특전사령부	사령관	육군 준장
	주한미해군사령부	사령관	해군 준장
	제8전투비행단	비행단장	미공군/군산에어베이스 준장 또는 대령
	제51전투비행단	비행단장	미공군/오산에어베이스 준장 또는 대령

5. 주한미군 속의 한국인

1) 한미연합사단

2015년 6월 3일에는 대한민국 육군 연합사단협조단과 미국 육군 제2보병사단이 함께 한미연합사단 참모부를 조직했다. 한미연합사단은 대한민국 육군과 미국 육군의 연합 군사 조직으로, 양국의 여단급 병력이 단일 지휘체계를 공유해 하나의 사단으로 편제된 세계 최초 유일한 부대다.

한미연합사단은 세계 최강 공격헬기로 꼽히는 아파치 부대 5-17공중기병대대(Air Cavalry Squadron)가 창설돼 운용되고 있다. 기존에는 9개월씩 순환 배치돼온 아파치 대대가 고정 배치(상시 주둔)로 바뀌면서 그동안 한미연합사단에는 1개 아파치 대대가 상시 주둔하고, 1개 아파치 대대가 순환 배치됐다. 이번에 순환 배치 부대가 고정 배치로 바뀌면서 2개 아파치 대대가 한반도에 상시 주둔하게 됐다. 새로 창설된 부대가 운용하는 아파치 공격헬기는 최신형인 'AH-64E v6'이다. 주한미군에 배치된 아파치 공격헬기는 48대 규모로 알려졌다.

전시에는 대한민국 육군 수도기계화보병사단의 예하 부대 제16기계화보병여단이 작전통제 형태로 지휘를 받게 된다. 사단장은 미육군 제2보병사단장이, 미국 부사단장은 미육군 제2보병사단 작전 및 행정부사단장이, 대한민국 부사단장은 지상작전사령부 직할 한미연합사단 협조단장이 겸직한다.

2) 카투사 KATUSA(주한 미8군 한국군지원단)

카투사 제도는 한반도에서의 미육군의 전쟁 억제력을 향상시키기 위한 것으로 한국에만 존재하는 독특한 제도이다. 한국 육군은 인가된 미군요원을 증원하기 위해 미8군에 추가 병력을 제공하고 있다. 카투사 제도는 본 제도가 가져다주는 병력 및 비용의 절약 때문에 주한미군과 미국 정부에 매우 중요한 제도이다.

카투사는 대한민국 육군 인사사령부 직할부대 소속이다. 주한미군 한국군지원단, 즉 주한미군을 지원하는 한국군을 뜻한다. 1950년 카투사가 처음 창설된 이후 카투사의 법적 성격은 다소 모호한 점이 있었다. 주한 미8군 한국군지원단은 본래 한미연합군사령부 소속이었으나, 1977년 대한민국 육군본부 직할부대로 한 차례 편입된 이후 2009년 육군인사사령부 예하로 다시 편입되었다.

주한 미8군 한국군지원단의 주 임무는 KATUSA 인원들을 관리하는 부대이다. 해외주둔 미군 조직 중 유일한 제도로 70년간 유지해온 세계 최강 한·미 동맹의 상징이란 자부심이 대단하다. 본부를 총괄적인 지휘는 한국군 대령이 단장으로 상주하고, 중령이 부단장을 맡는다. 오늘날 카투사는 한·미 군사협력의 최일선에서 싸우고 있다고 말할 수 있다.

3) 한국근무단(Korean Service Corps, KSC)

한국근무단은 미8군지원단(Eight United States Army Service Corps)이라고 불린다. 한국근무단(KSC)은 한국전쟁 기간 중 1950년 7월 26일 미8군 사령관 워커 중장이 이승만 대통령에게 긴급요청에 따라 창설된 조직이다. 당시 주한미군 및 유엔군을 지원하기 위하여 탄약, 식량 및 의약품을 전선으로 수송하는 임무 등을 수행했다.

한국근무단은 일명 '지게부대(the A-Frame Army)'로도 알려졌는데 준군사조직 형태이며 주한미군에 대한 전투지원단으로 대한민국 국적 소속의 민간인 약 9,000여 명이 구성돼 있다. 근무여건이나 처우는 주한미군과 거의 유사하며, 다만 한국인 직원에 대한 인사권 등은 자체적으로 운영한다. 현재 △주한미군과 군무원 자녀 수송업무 △피복, 숙소 가구 및 개인장구 보급 업무 △구급차 운전 및 의무요원 업무 △사격장 건설 및 유지관리 보수 △차량, 탱크를 포함한 모든 종류의 전투장비 정비 등 다양한 업무를 지원하고 있다.

4) 주한미군 교역처(AAFES) & MWR

교역처(AAFES, Army and Air Force Exchange Service) & MWR(Morale, Welfare and Recseation)은 주한미군 부대 내에서 군인들을 위한 편의시설(체육관, 수영장, 극장, 푸드코트, 쇼핑몰 등)을 운영하며 대한민국 국군의 복지단과 같은 역할을 한다.

5) 캠프 보니파스(Camp Bonifas)

캠프 보니파스(Camp Bonifas)는 JSA(공동경비구역) 유엔사 경비대 대대가 주둔하고 있다. 위치는 경기도 파주시 문산읍, 비무장지대 남쪽 400m, 군사분계선 2,400m 남쪽에 있는 대한민국 육군과 주한미군의 합동 군영으로 유엔군과 한국군이 합동 근무한다. 캠프 보니파스는 1976년 판문점 도끼만행 사건으로 사망한 보니파스 대위의 이름을 따서 지은 것이다.

원래 JSA 내에는 남북을 가르는 MDL이 따로 없었다. 양측이 뒤섞여 근무하면서 물건을 주고받기도 했다. 판문점은 MDL을 기준으로 동서 800m, 남북 400m 규모의 공동경비구역이다. 1953년 10월 군사정전위원회 쌍방이 MDL상에 공동경비구역을 설정하면서 생겨났다.

보니파스라는 캠프 이름도 1976년 판문점 도끼만행 사건으로 사망한 보니파스 대위의 이름을 따서 지은 것이다. 앤더슨 막사(Anderson barracks), 배렛 막사(Barret Facility), 벨린저 홀(Ballinger Hall)도 모두 희생자들의 이름을 붙인 건물이다.

판문점은 MDL을 기준으로 동서 800m, 남북 400m 규모의 공동경비구역이다. 1953년 10월 군사정전위원회 쌍방이 MDL상에 공동경비구역을 설정하면서 생겨났다.

6) 전국외국기관노동조합연맹과 전국주한미군한국인노동조합(USFK KEU)

한국전쟁을 계기로 미군이 한국에 주둔하게 되면서 주한미군이 고용하는 한국인 노동자들이 생겨나기 시작했다. 점차 고용으로 인한 사용주와 근로자 간의 마찰이 생기게 되고, 단체교섭창구의 필요성이 부각되자 부산지역을 시작으로 전국 미군 주둔지역에 지역별노조의 설립이 확산되었다.

이에 전국단위의 단일 고용주로서 지역별로는 노사 간의 문제처리가 어렵게 되자 1959년 11월 8일 서울, 파주, 동두천, 부평, 인천, 부산지구 등 6개 미군노조 산하 조합원들을 중심으로 '전국미군종업원노조연맹'을 결성하였다. 그 후 미군 종업원의 권익수호와 생활수준 향상을 모색하던 중 1961년 5·16 군사쿠데타로 해산되었다가, 같은 해 8월 3일 공포된 법률 제672호에 의하여 전국미군종업원노조연맹이 '전국외국기관노동조합'으로 명칭을 바꾸어 전국단위 산업별 노동조합 체제로 재건 조직되어 전국적으로 활동하였다.

1963년 8월 23일 전국외국기관노동조합이 산하 16개 지부로 재결성되었으며, 그 후에 주한미군 산하의 하청업체와 외국인투자업체의 가입으로 다시 산하에 15개의 비직속 지부를 포함하게 되어 외국기관노조로서의 체계를 갖추고 활동하게 되었다.

그 뒤 주한미군의 일부 철수에 따른 조합원 감축과 국가보안법·긴급조치 등으로 활동이 위축되었으나, 지속적인 노력으로 활동을 전개하여 조합원들의 권익 향상과 노동조건을 개선하였다.

1981년 노동조합법의 개정으로 단위사업체별 노조로 체계가 바뀌자, 1981년 2월 27일 제19차 전국대회에서 규약을 변경하여 전국외국기관노동조합연맹으로 개칭하였다. 1990년 한국노총 산하의 산별노조로서 산하에 주한미군노동조합을 비롯하여 80여 개 조합과 5만여 명의 조합원을 확보하였다.

2009년 현재 전국외국기관노동조합연맹의 조직은 주한미군노동조합 조합원이 90% 이상을 차지하고 있으며, 그 밖에 경남지역본부(마산자유무역 제조업체) 6개 노동조합, 외자투자기업(외국상사업체) 12개 노동조합, 용역업체 4개 노동조합으로 구성되어 있다. 이 연맹 소속 노동조합과 조합원들은 고용주가 주한미군과 외자업체라는 특수한 여건뿐만 아니라, 한국 내에서 고용주들의 정치적, 경제적으로 우월한 위치로 인해 노동자의 기본권이 제약되는 상황 속에서도 노동자의 기본권을 수호하기 위해 노력하여 왔다.

6. 평택역 오폭사건

평택역 오폭사건은 1950년 7월 4일 작전지역으로 내려가던 군인들과 피난민들이 섞여 있던 평택에 호주 F-51 전투기 4대가 평택역의 탄약 화차와 국군 제17연대를 오폭하여 많은 사상자를 낸 사건이다. 아울러 이날 오후 미 공군기가 수원비행장 및 수원 이남 1번 국도상의 국군을 오폭하여 병력 200여 명, 차량 30여 대의 손실을 입혔다.

당시 군인 희생자는 평택시 합정동에 매장되었다가 생존한 군인에 의해 국립묘지로 이장했다고 한다. 수많은 사상자를 낸 사건이 세월이 흘러 잊혀진 사건 이었다. 최근 평택지역 시민단체를 중심으로 평택역 오폭사건에 대한 재조명 및 폭격에 대한 피해조사와 함께 피해자 위령제, 위령탑 설립 추진 등이 활발하게 추진되고 있다.

7. 험프리스 내 한미 안보동맹투어

캠프 험프리스 수비대 공보실은 한미 간 상생발전 일환으로 평택 관내 거주자를 중심으로 월 1회 한미안보동맹 투어 프로그램을 운영한다. 방문지는 캠프 험프리스 내 한국전쟁기념관, 워커장군 동상, 비컨힐 추모공원, 험프리스기지 사령관 접견 및 브리핑과 기지 내 중식과 기념사진 촬영 등이며, 오후에는 미8군/미2사단 박물관을 관람 후 귀가하는 일정이다. 한편 담당자의 브리핑 내용은 주한미군 주둔역사, 주한미군 전력과 병력, 주한미군 지역분포, 캠프 험프리스 명칭제정 배경, 캠프 험프리스의 역사, 기지사령부의 임무, 주한미군 평택 이전 효과, 지역 상생발전방향 등이다.

8. 주한미군에 대한 북한의 속마음

한국전쟁 이후 북한의 통일전략의 핵심은 선(先) 주한미군 철수, 후(後) 통일이다. 북한은 주한미군의 철수가 선행(先行)되는 통일을 일관되게 주장해왔다. 김일성은 1953년 8월 노동당 제2기 제6차회의 보고를 통해 휴전협정에 따라 열리게 될 제네바 정치회의와 관련 "정치회의의 기본목적은 미군을 남한에서 철거시키는 것"이라고 못 박았다.

그는 1960년 8·15 15주년 기념연설에서 남북연방제를 처음 제의하면서 주한미군의 즉시 철수를 거듭 주장했다. 1971년 4월 최고인민회의 제4기 제5차회의에서 외상 허담이 제시한 '8개 조항 평화통일방안'에서도 첫 번째 항목은 미군철수였다. 1981년 김일성 조국평화통일위원장은 미군철수를 통일대화의 전제조건으로 내세웠다.

김일성 사망 몇 전부터 북한은 미국과의 관계 개선을 시도했으며, 이 과정에서 주한미군 철수 주장에 대한 입장도 변하기 시작했다고 볼 수 있다. 다시 말해서 겉으로는 주한미군 철수 입장을 견지함에도 필요하다면 인정할 수도 있다는 쪽으로 방향을 선회하기 시작한 것으로 보인다.

북한의 미군 주둔 인정은 1974년 3월의 허담 안 혹은 대미평화안으로부터 시작한다. 김일성이 미국의회에 발송한 서한으로서 미군문제를 북한과 미국이 직접 협상하자는 안이었다. 허담이 최고인민위원회에서 발표하기 전에 이미 영문판이 통신을 통해서 먼저 나간 특이한 예였다. 이 영문판에사는 북한이 항상 하던 즉각 철수(immediate withdrawal)로부터 "at the earliest possible date"와 "withdrawa" 대신 "reductions"이라는 어휘로 대치되었다.

이 문제를 4개월 후에 일본의 당시 자민당 국회의원 우쯔노미야 도꾸마가 평양을 방문하여 9시간에 걸친 대담에서 미군이 어느 기간 남되 북한에 위협이 안 되는 형태로 미 지상군이 남아야 한다는 주장이었다. 허담 안에서 북한은 처음으로 미군을 인정한 셈이며 미군의 지위를 변경하려 했던 시발이었다. 여기에서 보다 중요했던 것은 이 문제, 즉 미군문제를 북한과 미국이 직접 협상하자는 것이었다.

북한은 김정일 등장 이후 북한의 주한미군 철수에 대한 태도는 좀 더 구체화되었다고 볼 수 있다. 김정일 등장 이전까지의 북한의 주한미군에 대한 입장을 적어도 형식적으로는 철수주장에 대한 변함이 없는 것으로 보였지만 이제는 필요하다면 주한미군을 인정할 수도 있다는 쪽으로 좀 더 노골적으로 나갔다고 볼 수 있다. 2000년 6·15 정상회담 당시 김대중 대통령은 "김정일 국방위원장이 통일 이후에도 주한미군의 계속 주둔에 동의한다"는 말을 들었다고 한다. 당시 김정일이 통일 이후 미군 주둔을 동의했다면 이는 북한 통일전략의 근본적인 변화였다고 볼 수 있었다. 따라서 말 그대로 통일 이후에도 주한미군이 필요하다는 의미가 된다.

9. 워커 장군과 워커힐호텔

서울에 위치한 워커힐(Walkerhill)호텔은 6·25 전쟁 시 초대 주한 미8군 사령관인 워커(Walton H. Walker) 장군에서부터 유래되었다. 한국전쟁(6·25전쟁) 당시 미군의 미8군사령관 워커 장군이 보여준 노블리스 오블리주 정신은 큰 교훈을 전해주고 있다. 워커힐 호텔은 1961년 사단법인 워커힐로 창립하여 1963년 4월 개관하였다. 1973년 선경개발(주)에서 인수하여 SK그룹 산하의 계열사가 되었으며, 법인명을 (주)워커힐로 변경하였다.

한국전쟁으로 황폐해진 서울이 느리지만 조금씩 복구되고 있던 시기에 4·19, 5·16 등 엄청난 정치적 변화를 가져온 사건이 잇따랐다. 미국 정부는 처음에는 5·16을 달갑지 않게 여겼다. 이에 5·16 주역이었던 김종필 씨는 미국 정부의 인식을 바꾸기 위해 여러 가지 방안을 내놓았다. 그중 대표적인 것이 `주한미군과 외국인 관광객을 위한 위락시설을 갖춘 대규모 호텔 건설이다. 위락시설을 만들면 주로 일본으로 휴가 가는 주한미군이 서울에서 휴가를 보내며 돈을 쓰게 하는 동시에 군사정권에 대한 이미지를 개선할 수 있을 것이란 계산이었다.

10. "같이 갑시다(We Go Together)"

주한미군이 인사말로 쓰는 "같이 갑시다(We go together)"란 구호는 한국전쟁 당시 사단장이던 백선엽 장군이 최초로 사용하면서 태어났다. 대단히 치열했던 전투에서 부하들이 수세에 몰리고 있었고 그의 부대가 후퇴하면 계곡 아래쪽에 있는 미군부대의 측면이 노출될 상황이었다. 백선엽 장군은 부하들 앞에서 산봉우리를 되찾기 위해 반격해야 한다고 외쳤다. 그리고 그는 결연하게 말했다 "내 뒤를 따르라. 만일 내가 뒤돌아서면 나를 사살해라!" 물론 그의 부대는 고지를 탈환했다.

미군의 측면을 보호하기 위한 공격을 감행하기 전에 그는 미 고문관에게 이 두 마디를 했다. 바로 이 말이 우리 한미동맹 속에 아직도 살아있는 바로 "같이 갑시다"였다. 하나의 명분을 위하여 단결한 군인이 전우에게 바치는 이러한 헌신적인 결의야말로 전투를 이끄는 힘이었으며, 때로는 기꺼이 목숨도 바치게 하는 대의였다. 이러한 결의야말로 전쟁을 승리로 이끌며 자유국가를 독재자로부터 구원하였던 것이다.

Ⅶ

노블레스 오블리주 정신을 실천한 주한미군

서양의 전통적인 귀족사회에서는 노블레스 오블리주(프랑스어: Noblesse oblige) 정신을 중요하게 여겨왔다. 이 정신은 오늘날 사회 지도층의 권위와 부에 걸맞은 도덕의식과 솔선수범의 행동을 요구하는 용어로 쓰인다. 즉 권력과 부를 누리는 사람들은 그 명성에 맞도록 국가와 사회에 그만큼의 책무를 다해야 한다는 뜻이다. 미군 장성들은 한국전쟁에서 다음과 같이 노블레스 오블리주 정신을 실천해 보여주었다.

특히 국가보훈처와 한미연합사령부는 공동으로 한미동맹 및 정전협정 70주년을 맞아 한미 참전용사 10대 영웅을 선정했다. 이는 10대 영웅을 비롯한 양국 참전용사들의 위대한 헌신을 기억하고 감사를 표하는 것은 물론 앞으로도 굳건한 한미동맹을 이어가자는 의미를 전하기 위한 것이라고 한다. 10대 영웅은 6·25전쟁에서 한국의 자유민주주의를 수호하고 70년을 이어온 한미동맹 역사에 큰 역할을 한 인물을 중심으로 선정됐다. 한미 참전용사 10대 영웅에는 맥아더 유엔군총사령관, 밴플리트 장군 부자, 윌리어 쇼 부자, 딘 헤스 공군대령, 랄프 퍼컷 주니어 육군대령, 김영옥 미국 육군대령, 백선엽 대한민국 육군대장, 김두만 공군대장, 김동석 육군대령, 박정모 해병대 대령 등이다.

1. 한국전쟁 참전용사 영웅

1) 한국전쟁과 더글러스 맥아더(Douglas MacArthur) 장군

한국전쟁(6·25전쟁)과 맥아더 장군과는 끊으려야 끊을 수 없는 인연이 있다. 한국전 당시 맥아더 원수는 미군 태평양사령관이자 일본 점령연합군 최고사령관으로서 일본의 도쿄사령부에 있었다. 1950년 6·25전쟁은 북한의 기습 남침으로 시작되어 8월부터 낙동강을 사이에 두고 최후의 방어선을 구축했다. 유엔군사령관 맥아더 장군은 전세를 단숨에 반전시킬 방안으로 인천상륙작전을 구상했다. 1950년 9월 15일 유엔군 항공모함, 구축함, 순양함 등 261척의 함정이 인천 앞바다에 집결하여 그날 05시 공격준비사격과 함께 상륙작전이 시작되었다.

유엔군은 이날 미미한 북한의 방어를 제압하고 인천 해안에서 교두보를 확보함으로써 상륙작전은 성공적으로 마쳤다. 맥아더는 1951년 4월 19일 미의회에서 퇴임연설을 통해 "노병은 죽지 않는다. 다만 사라질 뿐이다"라는 명연설을 남기고 52년 동안의 기나긴 군 생활을 마감했다. 한편 맥아더 장군의 동상이 인천광역시 중구 자유공원에 1957년 9월 15일 세워져 현재까지 이어져 오고 있다.

여기서 맥아더 장군이 1950년 6월 29일 수행원을 대동하고 한강 방어선을 시찰 중에 주변 일대를 한참 동안 망원경으로 보고 나서 말했던 일화를 소개한다.

<맥아더 장군과 한국군 병사와의 대화>

맥아더 장군: 자네는 언제까지 그 호(壕) 속에 있을 것인가?

한국군 병사: 옛! 각하께서도 군인이시고 저 또한 군인입니다. 군인이란 명령을 따를 뿐입니다. 저의 직속상관으로부터 철수하라는 명령이 있을 때까지 여기 있을 것입니다.

맥아더 장군: 그 명령이 없을 땐 어떻게 할 것인가?

한국군 병사: 옛! 죽는 순간까지 여기를 지킬 것입니다.

맥아더 장군: 오! 장하다! 자네 말고 딴 병사들도 다 같은 생각인가?

한국군 병사: 옛! 그렇습니다. 각하!

맥아더 장군: 참으로 훌륭하구나! 여기 와서 자네 같은 군인을 만난 줄은 몰랐네. 지금 소원이 무엇인가?

한국군 병사: 옛! 우리는 지금 맨주먹으로 싸우고 있습니다. 놈들의 전차와 대포를 까부술 수 있게 무기와 탄약을 주십시오.

맥아더 장군: 음! 그리고 또 없나?

한국군 병사: 옛! 없습니다.

맥아더 장군: 알았네. 여기까지 와 본 보람이 있었군.

이때 맥아더 장군은 손을 꼭 쥐고 나서 통역을 맡고 있던 김종갑 대령에게 이렇게 말했다.

"대령! 이 씩씩하고 훌륭하고 병사에게 전해주시오. 내가 도쿄로 돌아가는 즉시로 미국지원군을 보낼 것이라고. 그리고 그때까지 용기를 잃지 말고 훌륭히 싸우라고."

2) 밴플리트(James A. Van Fleet) 장군

밴플리트 장군은 한국전쟁 기간 중에 2년을 8군사령관으로 전선에서 싸웠다. 그는 확고한 사명감과 불퇴전의 결의를 보여주었으며 특히 대부대는 물론 소부대의 여하한 전투에서도 완전한 승리를 거두는 것을 모토로 정하였다. 밴플리트 장군은 1951년 12월 대구에 한국군 육군 병과학교를 창설하였으며, 1951년 말부터 보병 장교 150명, 포병 장교 100명 등 250명이 미국의 보병 및 포병학교에 단기유학하도록 하였고 이들이 귀국 후 전선에 투입되어 혁혁한 공을 세웠다.

특히 밴플리트 장군은 한국군을 20개 사단으로 증편하려는 계획은 미국 내에서도 많은 반대가 있었지만 장군은 1952년 말 당선된 아이젠하워 대통령에게 간곡히 건의하여 이를 관철시켰다. 아이젠하워 대통령과 밴플리트 장군은 미육군사관학교(West Point) 동기생이었다. 이렇게 해서 한국군이 20개 사단으로 증편되자, 밴플리트 장군은 당시 이승만 대통령에게 한국군의 중추 역할을 담당한 기간장교단을 양성하기 위해 웨스트 포인트를 모델 삼아 육군사관학교를 설립을 건의하였다. 이에 이승만 대통령은 1952년 1월 20일 진해에서 4년제 육군사관학교와 제주훈련소를 창설하였다. 밴플리트 장군은 오늘날 육군사관학교 설립에 결정적인 공헌을 하였다. 전역 후에는 모금활동을 전개하여 육사도서관을 지어 기증할 정도로 한국군의 발전에 끝없는 관심을 보여주었다.

현재 육군사관학교에는 밴플리트 장군 동상이 세워져 있는데, 이동상에는 이은상 선생의 다음과 같은 글이 새겨져 있다.

"이 동상은 한국 국민들의 고마운 벗이요, 세계평화의 사도인 미국 군인에게 뜨거운 감사의 뜻을 나타내기 위해 세운 것이다. 서기 1892년 3월 19일 미국 뉴저지주 코스티벌에서 탄생한 밴플리트 장군은 1951년 국제적으로 중대한 의의를 가진 치열한 공산 침략을 물리치기 위하여 미제8군을 지휘하여 빛나는 공훈을 세웠다. 장군은 또한 한국 국민의 복지에 깊은 관심을 가지고 민간사업 부흥에 절륜의 노력과 지능을 다했다. 그의 인류애와 불굴의 정신은 오래도록 후세에 빛날 것이며 그의 화전 양면에 있어서의 공훈은 세계 역사의 중요한 페이지를 장식할 것이다."

3) 한국공군의 대부, 딘 헤스(Dean Elmer Hess) 공군대령

딘 헤스 공군대령은 1950년 7월 미제5공군 소속 Bout-1 부대장으로 가장 먼저 참전했다. 대구기지에 도착한 이후 한국공군 전투기 조종사 양성 훈련을 포함하여 1년여 동안 250회에 걸쳐 전투 출격을 하는 등 한국공군의 대부로서 역할을 했다. 특히 1·4후퇴 때는 중공군의 진격으로 위험에 처했던 서울의 전쟁고아 950명과 고아원 직원들을 구출, 제주도로 피난시키는 등 따뜻한 인류애를 실천했다.

4) 랄프 퍼컷 주니어(Ralph Puckett Jr) 육군대령

랄프 퍼켓 주니어 육군대령은 1950년 11월 미 육군 제8군 유격중대 중대장으로 참전했다. 청천강 북쪽의 전략적 요충지인 205고지 점령 때 수류탄에 맞고도 작전을 지휘하는 등 중공군에 맞서 활약했다. 심각한 부상으로 움직일 수 없게 됐음에도 대원들이 안전하게 철수할 수 있도록 자신을 남겨두고 떠날 것을 명령한 것은 그의 투철한 군인정신을 보여준 일화로 유명하다. 2021년 5월 한미정상이 참석한 가운데 미국 명예훈장 수훈을 받았다.

5) 김영옥 미국 육군대령

김영옥 미국 육군대령은 재미교포로 6·25전쟁이 발발하자 "부모님의 나라를 구하겠다"며 미군 예비역 대위로 자원입대했다. 1951년 중공군 춘계공세 당시 소양강 부근 전투에서 탁월한 지휘력으로 성공적인 철수와 반격 작전을 전개했다. 또 5월 구만산 탑골 전투와 금병산 전투를 승리로 이끌었다. 김영옥 대령이 이끈 부대는 북상한 유엔군 부대 중 38도선 인근의 전술선에 가장 빠르게 도달했으며 6·25전쟁 휴전선을 60㎞ 북상시킨 주역이기도 하다.

2차 세계대전에 참전해 유럽 전선에도 활약했던 그는 한국, 미국, 유럽에서도 모두 훈장을 받은 유일한 인물이다. '태극무공훈장'을 비롯해 미국 '은성무공훈장' '동성무공훈장'과 프랑스 '레종 도뇌르 무공훈장', 이탈리아 '십자무공훈장' '동성무공훈장' 등, 받은 무공훈장만 20여 개에 달한다.

특히 전쟁 후 그의 여생은 ‘참군인’이자 인도주의자로서 더욱 빛났다. 한국전쟁 직후 고아를 위한 고아원을 세웠고 미국 최대 소수인종 비영리 보건기관 설립, 아시아계 여성 보호와 위안부 문제에도 목소리를 냈다. 이런 공로로 지난 2018년 한국인 이름을 딴 미국 최초의 고속도로인 ‘김영옥 대령 기념 고속도로’가 만들어지기도 했다.

2. 한국전쟁에 참여한 미 장군의 2세들

1) 미제8군사령관 워커 중장과 샘 워커 대위(아들)

1950년 12월 23일 미8군사령관 워커(Walton H Walker) 중장은 지프차를 타고 의정부에 있는 부대 방문길에 올랐다. 미 24사단에 대한 이승만 대통령의 부대표창과 미국 정부의 은성무공훈장을 아들인 샘 워커 대위에게 수여하기 위해서였다. 워커 중장의 지프차가 당일 11시경 경기도 양주군(현 서울시 도봉구 도봉동 596)에 이르렀을 때 군용차량 대열이 서행하고 있었다. 워커 중장의 지프차 운전병이 군용차량을 좌측으로 추월했다.

그때 반대편에서 또 다른 군용차가 내려오고 있었다. 지프차 운전병이 충돌을 피하기 위해 핸들을 꺾었는데 길이 좁아서 지프차가 논두렁으로 추락했다 이 사고로 보좌관과 운전병은 부상을 입고 살아났지만 워커 중장은 현장에서 사망했다. 그 당시 워커 중장은 직급이 상신되어 며칠 후면 대장이 될 예정이었다. 전쟁에 참전한 워커 장군의 아들 샘 워커 대위를 맥아더 원수는 언제 전사할지 모르는 최전선으로 보낼 수가 없었다.

결국 샘 워커 대위는 아버지 워커 중장의 유해를 안고 귀국했다. 샘 워커는 나중에 대장으로 진급했는데 지미 카터 대통령 시절 미 육군

참모총장으로 유력했던 샘 워커 대장은 주한미군 철수정책에 반대하다가 예편되고 말았다. 한편 대한민국은 워커 장군의 안타까운 죽음과 워커 장군을 기리기 위해서 서울 아차산 지명에 '워커힐'이라는 이름을 사용하게 되었다. 그래서 이곳에 있는 그랜드 워커힐 서울 호텔 이 현재까지 이어져 내려오고 있다.

2) 미제8군사령관 제임스 밴플리트 중장과 지미 밴 플리트 2세 공군 중위(아들)

제임스 밴 플리트 중장은 워커 중장 이후 미8군사령관이 되었다. 제임스 밴플리트 중장 아들 지미 밴 플리트 2세 중위는 전폭기 조종사였다. 그는 그리스에서 해병 파병 임무를 마치고 아버지가 근무하는 한국으로 왔다. 해외 파병 임무를 마친 상태여서 다시 한국전에 참전할 의무는 없었다. 한국전에서 B-26 폭격기를 조종한 지미 밴플리트 2세는 1952년 4월 4일 압록강 남쪽 순천군 지역으로 야간 폭격 작전에 투입되었다.

지미 밴플리트 2세는 일기불순으로 인해 제1 목표물을 향해 날아가던 중 적의 대공포를 맞고 실종되었다. 미제8군사령관 제임스 밴플리트 중장은 그날 오전에 제5공군사령관으로부터 지미가 야간출격을 한 뒤 귀환하지 않았다는 보고를 받았다. 참모들이 100여 대의 전투기를 투입해서 수색하겠다고 하자 밴 플리트 중장은 적지에서의 수색작전은 무모하다며 정규 수색작전 이외에 지나치게 작전을 감행하지 말라고 명령했다.

3) 미 제34대 대통령 아이젠하워와 존 아이젠하워 소령(아들)

1952년 12월, 미국 제34대 대통령 당선자 아이젠하워(Dwight D. Eisenhower)가 한국으로 날아와 미제8군사령부를 방문했다. 미제8군 참모, 한국군 장교 등 수많은 기자들이 지켜보는 가운데 밴플리트 사령관이 전선 현황 보고를 마쳤다. 그때 아이젠하워 대통령 당선자가 그의 아들 존 아이젠하워 소령 근무처가 어디냐면서 "내 아들을 후방으로 배치해주시오"라고 말했다.

그러자 참석자들이 웅성거렸다. 그때 아이젠하워 대통령 당선자가 조용히 말했다. "내 아들이 전사한다면 가문의 영예로 받아들일 것입니다. 그러나 포로가 되면 적군은 내 아들을 볼모로 흥정할 것이니 그런 사태를 원치 않습니다." 아이젠하워 대통령 당선자의 설명이 끝나자 군 관계자와 기자들이 고개를 끄덕였다. 이후 존 아이젠하워 소령은 후방으로 배치되었다.

4) 유엔군사령관 마크 클라크 대장과 마크 빌 클라크 대위(아들)

유엔군사령관 마크 클라크(Mark W. Clark) 대장의 아들 빌 클라크 대위는 미제9단장 블라인트 무어 소장의 부관으로 근무하고 있었다. 빌 클라크 대위는 소총중대를 희망하여 보병 제2사단 소속 중대장으로 임명되었다. 빌 클라크 대위는 단장의 능선 전투에서 3차례 부상을 당했다. 그 후 미국 워터리드 병원으로 후송되었지만 결국 전사하고 말았다. 유엔군사령관 마크 클라크(Mark W. Clark) 대장은 1953년 7월 27일 한국전쟁의 정전협정을 서명한 당사자이다.

5) 윌리엄 쇼 선교사(군목)와 윌리엄 해민턴 쇼(아들)

윌리엄 쇼 선교사(1890~1967)는 한국전쟁 당시 주한미군 군목으로 자원 입대해 한국 군대에 군목 제도를 도입한 인물이다. 그는 1921년 아내인 아델린 해밀턴 쇼와 한국으로 와 선교 활동을 시작했지만, 1941년 일제가 강제 추방해 필리핀에서 활동하다 1947년 다시 한국으로 복귀했다. 아들인 윌리엄 해밀턴 쇼 대위(1922~1950)는 맥아더 장군과 함께 인천상륙작전에 참여하는 등 우리나라를 위해 희생한 영웅이다.

미국 해군 장교로 노르망디 상륙 작전 등 제2차 세계대전에도 참전했던 윌리엄 해밀턴 쇼 대위는 한국에서 해군사관학교 초대 교관으로 근무했다. 또 해방 후 한국 정부 수립 전 미군정청 경제 협력관으로 근무하기도 했다. 6·25 전쟁이 발발하자 "내가 태어난 곳인 한국에 있는 친구들을 돕겠다"며 1950년 미국 해군에 다시 입대해 한국을 찾았다. 1950년 9월 22일 오전 정찰을 위해 서울 은평구 녹번동에 접근하던 윌리엄 해밀턴 쇼 대위는 기관총으로 중무장한 북한군의 공격을 받고 28세를 일기로 전사했다.

2010년에는 서울 은평구에 추모공원과 동상을 건립했고, 2014년 해군사관학교에 흉상을 설치했다. 현재 윌리엄 쇼 부자는 서울 마포구 양화진 외국인 선교사 묘원에서 영면에 들었다. 윌리엄 해밀턴 쇼 대위는 1956년 대한민국 정부에서 금성 을지무공훈장을 추서했고, 미국 정부에서는 은성훈장을 받았다. 쇼 일가의 한국 사랑은 현재도 진행중이이고 윌리엄 해밀턴 쇼 대위의 아내는 자녀들과 한국에서 사회사업으로 봉사했다. 3대 윌리엄 부부 역시 서울대학교 교환 교수로 생활하며, 한국 청소년을 위한 장학 사업을 벌이는 등 일제의 강제 한일합병의 부당성을 알리는 책을 쓰기도 했다. 4대 줄리와 데이비드는 각각 주한미군과 연세대학교에서 근무했다.

3. 한미동맹과 대한민국을 사랑한 주한미군

1) 한미동맹의 상징, 웨버 대령

웨버 대령은 한국전쟁에 공수 낙하산부대 작전장교(대위)로 참전해 인천상륙작전과 서울수복작전 등에서 활약한 전쟁 영웅이다. 1951년 2월 원주 북쪽 324고지에서 오른팔과 오른 다리를 잃는 큰 부상을 입었지만 1년간의 수술 재활과정을 거쳐 현역으로 복귀했고 1980년 전역했다. 웨버 대령은 전역 후에도 워싱턴 DC에 한국전쟁 참전용사 기념비 '19인의 용사상'과 전사자 명단을 새긴 '추모의 벽'을 건립하는 데 앞장선 인물로도 유명하다. 한국전 참전비의 19인의 용사상'의 실제 모델이기도 하다. 한편 국내의 SK그룹에 의해 한미동맹과 70주년을 맞아 윌리엄 웨버 대령의 추모비가 파주 임진각 내 미국군 참전 기념비 옆에 세워져 있다.

2) 주한미군 철수를 반대하다 퇴역당한 한미동맹 상징 싱글러브 장군

싱글러브 장군은 한국전 참전용사일 뿐만 아니라 지난 1977년 당시 지미 카터 미국 대통령의 주한미군 철수 계획에 반대했다가 본국에 소환돼 강제 퇴역당한 인물이다. 장군이 유엔사 참모장으로 한국에 근무하던 지난 1977년 5월 워싱턴포스트(WP)와의 인터뷰에서 "5년 이내 주한미군을 철수시키겠다는 카터 대통령의 계획은 곧 전쟁의 길로 유도하는 오판"이라고 정면 비판했다.

그는 이후 한 관계자가 "당시 주한미군 철수계획에 반대하지 않았다면, 별 몇 개를 더 달 수 있었을 텐데…"라고 하자, "내 별 몇 개를 수백만 명의 목숨과 바꿨다고 생각하면 그보다 더 보람 있는 일이 어디에 있겠는가"라고 말한 일화는 유명하다. 싱글러브 장군은 1953년 '철의 삼각지대' 김화지구 전투에서 미군 대대장으로 활약했던 한국전 참전 용사이기도 하다. 2022년 08월 19일 존 싱글러브 예비역 소장의 장례식과 안장식이 워싱턴 DC 인근의 알링턴 국립묘지에서 엄수됐다.

3) 판문점 도끼만행 사건, 보니파스 대위

1976년 8월 18일 11시에 북한군이 저지른 일로 도끼만행사건(일명 8·18사건)이라고 부른다. 당시 판문점 공동경비구역은 유엔군과 북한군의 초소가 서로 중첩되어 설치되어 있었고 유엔군의 초소는 북한군의 초소에 둘러싸인 형국이었다. 공동경비구역 내 가장 고지대에 위치한 5초소(OP 5) 측에서 돌아오지 않는 다리 방향 쪽 3초소를 경계하는데 미루나무가 중간에 시야를 방해하고 있었다.

이에 유엔사 초소의 시야를 가로막고 있던 미루나무를 자르려 하자 북한군이 이를 가로막으며 경비중대장 보니파스(Bonifas) 대위와 소대장 바렛트(Barrett) 중위를 도끼로 살해하였으며, 그 외에도 미군 4명과 한국군 4명에게 중상을 입혔다.

이 8·18 판문점 도끼만행 사건으로 8월 21일 한미연합사는 미루나무 제거작전(폴 버니언 작전) 수립하여 문제의 미루나무를 베어냈고 지금은 당시의 상처를 그대로 안은 채 나무의 밑동만 남아 있다. 이 사건 후 북한의 김일성이 유감 표명에 따라 일단락이 되었다. 8·18 도끼만행 사건으로 희생당했던 보니파스 대위를 추모하기 위해 '유엔군사령부 전방기지' 고유명칭이 캠프 보니파스로 불리게 됐다.

4) 한국 사랑, 윌리스 노울즈 중령

노을즈 중령은 현역시절 한국에서 세 번이나 근무하였고 1978년부터 4년간 육군중령으로 미 국방성 한국과장을 지냈으며, 1982년 전역한 뒤에도 1996년까지 14년간 미 국방성 한국담당관을 지냈다. 이 기간 동안 카터 행정부의 주한미군 감축 문제, 한미 야전군 창설(1980) 및 해체(1991), 부시 행정부 당시 넌-워너 법안에 따른 주한미군 규모 조정 및 한국방위의 한국화, 평시작전통제권 환수(1994) 등 미국의 대한(對韓) 군사정책 수립에 실무자로 참여해 왔다.

노울즈 중령은 지난 1981년 이웃 가정에서 외국생활에 잘 적응하지 못하는 한국계 입양아를 자신이 재입양하여 이 아이가 공부를 잘할 수 있도록 학교 근처로 이사를 하는 등 온갖 사랑과 정성을 쏟은 끝에 대학공부를 마치게 하였고 결혼까지 시켰다. 이뿐만 아니라 이 양녀가 세상을 떠난 뒤에도 그녀가 낳은 딸을 다시 손녀로 입적하여 작고하는 그날까지 맡아서 키우는 등 한국에 대한 애정을 끝까지 간직하고 실천했다. 노울즈 중령은 한미 안보관계 발전에 기여한 공로로 1997년 6월 우리 정부로부터 수교훈장을 받았다.

4. 한국전쟁 미국군 참전기념비

경기도 파주시 문산읍 임진각 일원에는 한국군 전쟁에 참전한 기념비가 많이 세워져 있다. 미군 참전기념비는 1945년 10월 3일에 세워졌고 비문은 "대한민국은 한국전쟁(1950~1953) 동안 미국의 아들들이 바친 고귀한 희생과 업적을 기리고 그들의 영령을 길이 추모하기 위해 여기에 비를 세워 기념하노라"라고 되어 있다. 미군참전비 앞에는 한국전 당시 긴급 유엔 안전보장회의를 소집하고 맥아더 원수에게 그의 휘하에 있는 병력을 사용할 수 있도록 전권을 부여한 해리 트루먼(Harry S. Truman) 대통령 동상이 있다.

아울러 한국전쟁에서 두 번의 대규모 공수작전을 펼친 미제187공수연대전투단 참전기념비가 있고, 1950년 8월 19일 부산에 도착함으로써 오늘날 현재까지 주둔하고 있는 미제2사단 참전기념비가 세워져 있다. 한편 미군의 워싱턴 한국전 참전기념비에는 "자유는 거저 주어지지 않는다(Freedom is not free)"는 글귀가 있다.

5. 재한유엔기념공원과 유엔군 화장장

재한유엔기념공원은 부산 남구 대연동에 있다. 이곳은 세계에서 유일하게 한국에만 있는 유엔군 묘지이다. 1955년 유엔총회에서 재한유엔기념묘지(United Nations Memorial Cemetery Korea)로 명명했다. 유엔군사령부가 1951년 1월부터 묘지를 조성하여 개성, 인천, 대전, 마산에 가매장되어 있던 유엔군 유해를 이곳으로 옮기기 시작하여 4월에 완공했다. 1955년 11월 한국 국회가 이곳 토지를 유엔에 기증하고 묘지를 성지로 지정할 것을 결의하자 그해 12월 유엔은 유엔이 영구적으로 관리하기 위해 유엔총회 결의문 제977(X)호를 채택했다.

묘지는 1959년부터 유엔한국통일부흥위원단(UNCURK)이 관리하다가 1974년에 해체되면서 한국, 호주, 캐나다, 프랑스, 네덜란드, 뉴질랜드, 노르웨이, 남아프리카공화국, 튀르키예(터키) 영국, 미국 등 11개국으로 구성된 유엔기념공원 국제관리위원회(Commisson for the UNMCK)에 위임되어 관리되고 있다. 재한유엔기념묘지는 2001년 3월 30일 재한유엔기념공원으로 변경되었고 2007년 10월 24일에 근대문화재 제359호로 지정되었다.

한편 유엔군 화장장은 경기도 연천군 미산면 동이리에 있다. 화장장은 1952년도에 지어졌고 휴전 직후까지 영국군이 관리하였다. 서부전선 일대는 한국전쟁 당시 수많은 유엔군이 전사했다. 가매장할 수도 없는 급박한 상황에서 유엔군 전몰장병의 유해는 이곳 화장장에서 한 줌의 재로 산화했다. 유엔군 화장장은 귀중한 한국전쟁 전쟁유적지로 인정되어 2008년에 등록문화재 408호로 지정되었다.

6. 평택 인근 주한미군 및 유엔군 참전기념비

1) 오산의 미국 참전비와 유엔군 최초 전투 기념비

1950년 7월 5일 미 24보병사단 소속 21보병연대 및 52야포대대 A중대로 구성된 스미스 전투부대 540명의 장병으로 구성된 미합중국 군대와 공산침략군 간 최초의 전투를 기념하기 위한 죽미령전투 전적비가 1955년 7월 5일 경기도 오산시 세교동 산 100번지에 미제24사단 장병들에 의하여 건립되었다가 1964년 미제8군, 제24사단, 육군동지회, 재향군인회 등에서 보수공사를 했다.

인근 내삼미동 산 70-6 에는 전적지 개발계획에 의해 유엔군 초전기념비가 세워져 매년 7월 5일 스미스 부대와 유엔군 장병의 넋을 기리고 있다. 유엔군 초전기념비 비문에는 다음과 같이 새겨져 있다. "북괴의 이리떼 38선을 넘으니 자유 수호 위해 유엔은 일어나다. 폭력엔 폭력을 다짐하고 급히 달려온 스미스 특수임무부대 앞장서 죽미고개에 서고 한국군 제17연대 이에 따르니 한미연합 작전의 서막을 올리다. 혈전 6시간 15분 피비다 이루고 화선은 낙동강으로 이어지네. 한 품은 고혼 이곳에 잠드니 혈맹의 우의 어찌 잊으랴!"

2) 남아프리카공화국 참전비

유엔군으로 참전한 남아프리카공화국 참전기념비가 평택시 용이동에 1975년 9월 29일에 세워졌다. 남아프리카공화국은 공군 연인원 826명과 제2전투비행대대가 참전해 총 12,405회 출격해 전차 44대, 야포, 221문, 차량 891대, 교량 152개를 파괴했다. 전쟁에 참가한 인원 중에서 조종사 23명과 전투지원병 2명이 전사하고 조종사 11명이 실종되었다. 한편 참전비문에는 "자유와 국가 간의 친선은 남아인들의 높은 이상이요, 자랑스러운 유산이다. 이들이 치른 큰 희생은 영원한 격려이어라"라고 새겨져 있다.

7. 유엔 참전용사 국제추모의 날

유엔참전용사 국제추모의 날은 유엔참전용사의 희생과 공헌을 기념하고 유엔참전국과 추모하기 위하여 지정(유엔참전용사법 제정, 2020.03.24.)했다. 6·25전쟁에서 산화한 유엔참전용사를 향하여 1분간 묵념하자는 '07년 캐나다 참전용사 빈센트 커트니 씨 제안으로 시작됐다. 유엔전몰장병이 안장된 부산을 향하여 세계인이 함께 추모하고 기억한다는 의미로 '07년 첫 행사부터 턴투워드 부산(Turn Toward Busan)이란 슬로건으로 매년 11월 11일 11시부터 1분간 부산 유엔기념공원을 향해 묵념을 올린다.

8. 미국 워싱턴 DC의 한국전 참전기념비

1995년 7월 27일 당시 김영삼 대통령과 빌 클린턴 미 대통령, 그리고 한국전쟁 북한의 침략에 반대하는 유엔결의를 지지한 21개국(현재 의료지원국 독일 포함 22개국) 대표 등이 참석한 가운데 한국전 참전기념비가 제막되었다. 이 제막식은 한국전쟁의 의미를 되새기고 참전용사들의 고귀한 넋을 기리면서 나아가 새로운 한미동맹관계의 발전을 다짐하는 계기가 되었다. 워싱턴 DC에 있는 한국전 기념공원(Korea War Memorial Park)에 새겨진 동맹국을 보호하기 위해 희생된 참전용사에 대한 심금을 울리는 추모의 글은 다음과 같다.

Freedom is not free!
Our nation honors her sons and daughters who answered their country's call to defend a country they never knew and people they never met.
자유는 그냥 주어지는 것이 아니다.
우리나라는 자신들이 알지도 못하는 나라, 만난 적도 없는 사람들을 지키려는 요청에 응한 우리의 아들과 딸들을 기린다.

VIII

평택 및 인근의 대한민국 군부대

1. 평택의 안보 전략적 가치

팽성읍 안정리에는 주한미군사령부와 유엔군사령부 및 한미연합군 사령부가 주둔하고 있다. 아울러 북부지역 오산베이스(K-55)가 있어 한반도 상공의 공중전을 책임지고 있는 미7공군사령부와 51전투비행단의 제25전투비행대대와 36전투비행대대가 배치된 상황이며 한반도 상공의 감시와 정찰, 정보를 책임지고 있는 제6941SR전대가 있다. 한국에서는 공군의 작전사령부와 방공관제사령부[제31중앙방공통제전대, 제1중앙방공통제소(1MCRC), 미사일방어사령부(구, 방공유도탄사령부)]가 있다. 서부지역은 대한민국 서해를 책임지고 있는 해군의 3개 함대 중 해군 제2함대가 평택항 원정리에 배치돼 있다.

2. 대한민국 공군작전사령부(평택시 신장동 일원)

공군작전사령부(칠성대)는 1961년 7월 1일 오산에서 창설되었으며 영공방위와 항공작전 지휘 및 통제에 관한 사항을 관장하면서 군령권을 행사한다. 대한민국 공군의 작전을 총괄하는 최상위 작전사령부 직속으로 항공우주작전본부(KAOC)와 방공관제사령부 소속 중앙방공통제소(MCRC), 그리고 한국탄도탄작전통제소(KTMO-Cell)가 있다.

대한민국 영공 및 KADIZ 내의 모든 항적을 추적, 감시하고 공중 및 방공자산을 통제, 운영하고 있다. 전시에 작전사령부는 한미연합군사령부의 공군구성군사령부를 구성하게 되며 작전사령관은 부사령관을 맡게 됨에 따라 예하 부대들이 한미 공군의 연합체제로 구성되어 있다.

한미연합군의 연합 공군작전 및 훈련을 계획, 입안 및 실행하며, 주변국 감시정찰 및 전술기의 KADIZ 진입 시의 전술조치를 맡고, 북한이 탄도미사일이나 발사체를 발사할 때 발사 원점과 비행경로, 궤도를 추적하고 분석 및 통보하며, 비행구역 관리 및 군용 및 민간 항공기의 관제를 담당하고 있다. 미7공군사령관 계급이 중장인데 대한민국 공군작전사령관의 계급도 같은 중장이다.

한편 부대에서는 오산비행장 에어쇼인 블랙이글스의 화려한 공중비행쇼를 비롯해 K-55 오산비행장 개방, 전투기 전시 및 관람을 연 1

회 진행한다.

사령부 예하 부대로는 공중전투사령부, 공중기동 및 정찰을 하는 공중기동정찰사령부(공중기동사, 김해공군기지), 방공관제사령부, 미사일방어사령부까지 네 개 사령부를 두고 있으며, 공군의 전투비행단과 특수임무비행단, 공중기동비행단과 훈련비행단 등의 비행단급 부대와 관제전대 및 미사일방어여단을 두고 있어 공군의 전투전력을 총괄 지휘 및 감독한다.

1) 방공관제사령부(Air Defense Control Command)

공군방공관제사령부(방공관제사)는 공군작전사령부 예하로 역할은 방공 식별 구역(KADIZ) 요격관제 및 감시를 전담하고 있다. 공군의 관제전력 및 항공통제를 담당하는 기능사령부로 지휘관은 소장이며 예하에 방공관제전대 MCRC를 두고 있다. 중앙방공통제소(Master Control and Report Center, MCRC)는 한반도를 감시하는 것으로 알려져 있으며 제1중앙방공통제소는 1985년에 건설돼 오산공군기지 내에 있고 제2중앙방공통제소는 2002부터 대구에 있어 미본토 사령부는 물론 오키나와, 괌, NATO사령부까지도 실시간으로 정보를 공유한다고 한다. 레이더 사이트 특성상 오지에 부대가 있는 경우가 많으며 중앙방공통제소는 방공관제사 예하 33·34방공관제전대 소속이다.

2) 미사일방어사령부(구, 방공유도탄사령부)

북한 미사일 방어에서 핵심 임무를 수행하는 공군방공유도탄사령부가 오는 2022년 4월 공군 미사일방어사령부로 확대 개편됐다. 공군 미사일방어사령부(Air Defense Missile Command)는 대한민국 공군의 방공, 미사일 방어 작전을 수행하는 기능 사령부이다. 전국 각지에 영공 방위를 위하여 방공포대가 배치되어 있다.

공군의 미사일방어 전력을 총괄 지휘하는 기능사령부로 지휘관에는 방공포병 병과의 소장이 자주 보임되어, 공군에서 비조종사 출신 특기가 장성으로 진급, 보임되는 얼마 안 되는 보직 중 하나로 손꼽힌다. 사령부는 평택의 오산 공군기지에 위치하며 예전에는 방공포병사령부였으나 이름이 변경되었다. 예하에 세 개의 미사일방어여단을 두고 있고, 주요 지역에 방공유도탄 포대를 두고 있다.

3) K2작전수행본부

북핵 및 미사일에 대응하기 위한 작전의 임무수행을 총괄하는 부서로, 킬체인과 KAMD 운영을 책임진다.

4) 항공정보단

항공정보단은 1986년 11월 전투작전정보센터(KCOIC)를 운영하기 위한 부대로 창설된 군사정보부대이다. 2017년 12월 제37전술정보전대를 단급으로 전환·창설하고 H/MUAV 등 항공정찰자산 도입과 연계해 조직을 보강해 공군작전사령부 예하 부대로 항공정보단을 창설하였다. 공군의 정보전력을 운용하고 항공정보의 수집 및 분석을 담당한다.

5) 우주작전대

2019년 9월 1일 창설한 우주작전대는 공군작전사령부 예하로 우주작전 수행능력 확보를 목표로 하는 부대이다. 공군 우주작전대의 주 임무는 우주 영역 인식을 위한 전자광학위성감시체계이다. 또한 전자광학위성감시체계를 활용한 인공위성과 우주물체 우주 감시자산으로 한반도 상공의 우주 영역을 집중 감시하고, 우주 위험·위협에 대비한다. 2025년에는 전대급의 우주작전전대로 조직을 개편해 공군 우주작전 수행 영역 확장까지 이룬다

전자광학위성감시체계는 통제시스템 계획에 따라 탐색시스템이 인공위성·우주물체를 탐색·탐지·추적해 궤도를 산출하면, 식별시스템이 그 형상과 특성을 분석해 통제시스템에 전달한다. 반경 2,000㎞와 고도 700㎞ 이하의 저궤도 위성과 우주물체 정보를 파악한다.

3. 대한민국 해군2함대사령부(평택시 포승읍)

1) 개요

대한민국 해군의 작전을 지휘하는 작전사령부 산하 3개의 함대사령부에서 평택시 포승읍 해군기지에 위치하고 있는 제2함대(필승대)는 서해안 해역 수호 작전을 수행한다. 제2해상전투단 산하에 제21전대, 제22전대, 제23전대가 있고 현재 제2함대 기함 DDH-972 을지문덕(乙支文德)은 해군의 3,000톤급 광개토대왕급 구축함이다.

함정은 함대 기함 광개토대왕급 구축함 DDH-972 을지문덕을 비롯해 인천급 호위함(FFG-811 인천, FFG-812 경기, FFG-816 충북), 대구급 호위함(FFG-821 서울), 울산급 호위함(FF-961 청주), 포항급 초계함(PCC-779 영주, PCC-783 신성, PCC-785 공주), 윤영하급 고속함(PKG-711 윤영하, PKG-712 한상국, PKG-713 조천형, PKG-715 황도현, PKG-716 서후원, PKG-717 박동혁, PKG-721 지덕칠), 검독수리급 고속정(PKMR-211 참수리, PKMR-213 참수리, PKM-315 참수리, PKM-325 참수리,PKM-335 참수리) 등이다

한편 제1함대(선봉함대)는 울릉도와 독도를 포함한 동해 해역을 방위하기 위해 강원도 동해시 동해 해군기지에 사령부를 두고 있고 기함은 DDH-971 광개토대왕이다. 제3함대(상승대)는 남해안을 경비, 방

어하기 위해 전라남도 영암군 목포 해군기지에 본부를 두고 있다.

2) 서해수호관 및 천안함 기념관

서해수호관은 제2연평해전에서 교전한 참수리-357호정과 천안함 함체 등 모형이 아닌 실물을 전시함으로써 안보교육의 중심지의 역할을 하고 있다. 1층 NLL과 해전실에는 우리 해군이 밤낮없이 목숨을 걸고 지키고 있는 NLL의 역사와 설정배경에 관한 자료를 전시하고 있다.

2층 천안함실에서는 2010년 3월 26일 천안함이 피격당했을 당시의 상황과 그 이후 우리 해군이 수행한 구조, 수색, 인양작전을 천안함 피격사건에 대한 이해를 한층 더 높일 수 있도록 디오라마 및 각종 영상자료를 통해 전시하고 있다. 천안함(PCC-772)은 대함작전, 대공작전, 대잠작전, 선단호송작전, 탐색·구조작전, 함포지원 등이 주요 임무이다.

천안함 기념관은 천안함을 인양하면서 나온 가스터빈, 발전기 등의 유물들과 전사하신 마흔여섯(46) 분의 유품들을 전시함으로써 천안함 46용사를 기리고 추모할 수 있는 곳이다. 매주 화요일~토요일 견학 신청 가능하며 견학시간은 10시, 13시, 15시로 하루 3회이다[문의 031)685-4123, 4125].

4. 대한민국 해병대사령부(화성)

1949년 4월 15일 진해 덕산비행장에서 해병대가 상륙작전을 주 임무로 하는 부대로 창설됐다. 평택 인근 화성시 봉담읍 시청로 1311 에는 대한민국 해병대사령부(서북도서방위사령부)가 있다. 해병대는 상륙작전을 주 임무로 하고, 이를 위해 편성, 장비되며 필요한 교육, 훈련을 한다. 해병대사령관은 계급상 중장이지만 전군 중장 의전 서열 1위이라서 현역군인 8위이다. 보통 해사보병 출신이 맡는다.

아울러 해병대부대의 위치를 참고로 말하면 해병대1사단(포항/해룡), 해병대2사단(김포/청룡), 해병대6여단(백령도/흑룡), 해병대9여단(제주도/백룡), 연평부대(연평도/공룡), 해병대 교육훈련단(포항 오천읍)이 있다.

사령부 내에는 해병대 역사와 전통을 계승하고 장병 정신 전력 제고를 위하여 해병대 역사관을 건립했다. 해병대 역사를 한눈에 볼 수 있는 곳으로 해병대 역사를 고스란히 담고 있다. 연 면적 210평의 2층 건물 안에 전시된 군사재 3,500여 점은 우리나라 각 군 가운데에서도 가장 독특한 정체성을 자랑하는 해병대가 걸어온 발자취를 일목요연하게 보여준다[해병대 역사관 문의 031)8012-2955].

5. 대한민국 육군보병51사단(화성/평택)

수도군단 예하 부대인 육군보병51사단(전승부대)이 지역방위보병사단으로 서해 해안 경계 감시와 향토예비군 교육을 담당하고 있다. 평택에 육군, 해군, 공군, 해병대, 주한미군이 모두 주둔해 있는 것이 특징인데, 대한민국 해군 제2함대와 대한민국 공군 제10전투비행단, 공군작전사령부, 대한민국 해병대사령부, 캠프 험프리스와의 업무 협조도 활발하다. 사단 사령부는 경기도 화성시 매송읍에 위치한다.

평택을 비롯한 경기서남부지역은 169보병여단(비룡부대)이 관할하고 있다. 169보병여단 산하 1대대는 평택예비군훈련장을, 송탄예비군훈련대는 평택과학화예비군훈련장을 담당하고 있다.

6. 대한민국 육군보병55사단(안성/용인)

육군보병55사단은(봉화부대)는 경기도 용인시에 위치한 지역방위사단으로 지상군작전사령부와와 수도군단 예하 부대이다. 역할은 경기 동남부 용인과 안성시를 방어한다. 평택 인근 부대는 제172보병여단(용성부대)으로 용인시는 3대대가 안성시는 2대대가 향토방위 업무를 담당한다.

7. 대한민국 수원공군기지(수원)

평택 인근 수원시 수원공군기지에는 제10전투비행단(화성대, ROKAF 10th Fighter Wing)이 1954년 9월부터 주둔하고 있다. 공군공중전투사령부 산하 제10전투비행단의 역할은 공중전, 제공권 장악이다. 예하 부대로 제101전투비행대대(F-5, KF-5), 제201전투비행대대(F-5, KF-5), 제153전투비행대대(F-4E) 등 3대의 비행대대가 있다. 지휘관으로 비행단장은 준장이다.

8. 대한민국 육군보병32사단과 공군(천안/아산/당진)

평택 남쪽은 세종특별자치시 금남면 국곡리에 사령부가 위치한 제2작전사령부 예하 육군 제32보병사단(백룡부대)이 지역방위사단으로 천안과 아산시를 관할한다. 특히 제99보병여단의 천안 1대대는 동남구 예비군 훈련장을 아산 2대대는 아산시의 예비군 훈련장을 담당한다. 당진군은 사단예하 98보병여단(충정) 2대대가 해안경계를 담당하고 있다. 한편 성환읍에는 공군미사일방어사령부 예하 충청도와 강원도의 방공, 미사일 방어작전을 수행하는 제2미사일방어여단의 본부와 공군방공관제사령부 예하 관제대대가 주둔하고 있다.

1. 대한민국과 미합중국 간의 상호방위조약(大韓民國-美合衆國間-相互防衛條約)
Mutual Defense Treaty Between the United States and the Republic of Korea

본 조약의 당사국은,

The Parties to this Treaty,

모든 국민과 모든 정부가 평화적으로 생활하고자 하는 희망을 재확인하며, 또한 태평양 지역에 있어서의 평화 기구를 공고히 할 것을 희망하고,

Reaffirming their desire to live in peace with all governments, and desiring to strengthen the fabric of peace in the Pacific area,

당사국 중 어느 1국이 태평양 지역에 있어서 고립하여 있다는 환각을 어떠한 잠재적 침략자가 갖지 않도록 외부로부터의 무력 공격에 대하여 자신을 방위하고자 하는 공동의 건의를 공공연히 또한 정식으로 선언할 것을 희망하고,

Desiring to declare publicly and formally their common determination to defend themselves against external armed attack so that no potential aggressor could be under the illusion that either of them stands alone in the Pacific area,

또한 태평양 지역에 있어서 더욱 포괄적이고 효과적인 지역적 안전보장 조직이 발달될 때까지 평화와 안전을 유지하고자 집단적 방위를 위한 노력을 공고히 할 것을 희망하여

Desiring further to strengthen their efforts for collective defense for the preservation of peace and security pending the development of a more comprehensive and effective system of regional security in the Pacific area,

다음과 같이 동의한다.

Have agreed as follows:

제1조

당사국은 관련될지도 모르는 어떠한 국제적 분쟁이라도 국제적 평화와 안전과 정의를 위태롭게 하지 않는 방법으로 평화적 수단에 의하여 해결하고 또한 국제관계에 있어서 국제연합의 목적이나 당사국이 국제연합에 대하여 부담한 의무에 배치되는 방법으로 무력으로 위협하거나 무력을 행사함을 삼갈 것을 약속한다.

Article 1 The Parties undertake to settle any international disputes in which they may be involved by peaceful means in such a manner that international peace and security and justice are not endangered and to refrain in their international relations from the threat or use of force in any manner inconsistent with the purposes of the United Nations, or obligations assumed by any Party toward the United Nations.

제2조

당사국 중 어느 1국의 정치적 독립 또는 안전이 외부로부터의 무력 공격에 의하여 위협을 받고 있다고 어느 당사국이든지 인정할 때에는 언제든지 당사국은 서로 협의한다. 당사국은 단독적으로나 공동으로나 자조(自助)와 상호원조에 의하여 무력 공격을 저지하기 위한 적절한 수단을 지속 강화시킬 것이며 본 조약을 이행하고 그 목적을 추진할 적절한 조치를 협의와 합의하에 취할 것이다.

Article 2 The Parties will consult together whenever, in the opinion of either of them, the political independence or security of either of the Parties is threatened by external armed attack. Separately and jointly, by self-help and mutual aid, the Parties will maintain and develop appropriate means to deter armed attack and will take suitable measures in consultation and agreement to implement this Treaty and to further its purposes.

제3조

각 당사국은 타 당사국의 행정 지배하에 있는 영토와 각 당사국이 타 당사국의 행정 지배하에 합법적으로 들어갔다고 인정하는 금후의 영토에 있어서 타 당사국에 대한 태평양 지역에 있어서의 무력 공격을 자국의 평화와 안전을 위태롭게 하는 것이라 인정하고 공통한 위험에 대처하기 위하여 각자의 헌법상의 수속에 따라 행동할 것을 선언한다.

Article 3 Each Party recognizes that an armed attack in the Pacific area on either of the Parties in territories now under their respective administrative control, or hereafter recognized by one of the Parties as lawfully brought under the administrative control of the other, would be dangerous to its own peace and safety and declares that it would act to meet the common danger in accordance with its constitutional processes.

제4조

상호적 합의에 의하여 미합중국의 육군, 해군과 공군을 대한민국의 영토 내와 그 부근에 배치하는 권리를 대한민국은 이를 허여(許與, 허용)하고 미합중국은 이를 수락한다.

Article 4 The Republic of Korea grants, and the United States of America accepts, the right to dispose United States land, air and sea forces in and about the territory of the Republic of Korea as determined by mutual agreement.

제5조

본 조약은 대한민국과 미합중국에 의하여 각자의 헌법상의 수속에 따라 비준되어야 하며 그 비준서가 양국에 의하여 워싱턴에서 교환되었을 때 효력을 발생한다.

Article 5 This Treaty shall be ratified by the United States of America and the Republic of Korea in accordance with their respective constitutional processes and will come into force when instruments of ratification thereof have been exchanged by them at Washington.

제6조

본 조약은 무기한으로 유효하다. 어느 당사국이든지 타 당사국에 통고한

후 1년 후에 본 조약을 종지(終止, 종료)시킬 수 있다.

Article 6 This Treaty shall remain in force indefinitely. Either party may terminate[9] it one year after notice has been given to the other Party.

이상의 증거로서 하기 전권위원은 본 조약에 서명한다.

IN WITNESS WHEREOF the undersigned plenipotentiaries have signed this Treaty.

본 조약은 1953년 10월 1일 워싱턴에서 한국문과 영문 두벌로 작성되었다.

Done in duplicate at Washington, in the Korean and English languages, this first day of October 1953.

대한민국을 위하여 변 영 태

FOR THE REPUBLIC OF KOREA: Y. T. Pyun

미합중국을 위하여 존 포스터 덜레스

FOR THE UNITED STATES OF AMERICA: John Foster Dulles

2. 주한미군지위협정(SOFA) 전문

제1조 정의

본 협정에 있어서,

(가) "합중국 군대의 구성원"이라 함은 대한민국의 영역 안에 있는 아메리카합중국의 육군, 해군 또는 공군에 속하는 인원으로서 현역에 복무하고 있는 자를 말한다. 다만, 합중국 대사관에 부속된 합중국 군대의 인원과 개정된 1950년 1월 26일자 군사고문단협정에 그 신분이 규정된 인원은 제외한다.

(나) "군속"이라 함은 합중국의 국적을 가진 민간인으로서 대한민국에 있는 합중국 군대에 고용되거나 동 군대에 근무하거나 또는 동반하는 자를 말하나, 통상적으로 대한민국에 거주하는 자, 또는 제15조제1항에 규정된 자는 제외한다. 본 협정의 적용에 관한 한 대한민국 및 합중국의 이중 국적자로서 합중국에 의하여 대한민국에 들어온 자는 합중국 국민으로 간주한다.

(다) "가족"이라 함은 다음의 자를 말한다.

(1) 배우자 및 21세 미만의 자녀

(2) 부모 및 21세 이상의 자녀 또는 기타 친척으로서 그 생계비의 반액 이상을 합중국 군대의 구성원 또는 군속에 의존하는 자

제2조 시설과 구역-공여와 반환

1. (가) 합중국은 상호방위조약 제4조에 따라 대한민국 안의 시설과 구역의 사용을 공여받는다. 개개의 시설과 구역에 관한 제 협정은 본 협정 제28조에 규정된 합동위원회를 통하여 양 정부가 이를 체결하여야 한다. "시설과 구역"은 소재의 여하를 불문하고, 그 시설과 구역의 운영에 사용되는 현존의 설비, 비품 및 정착물을 포함한다.

(나) 본 협정의 효력발생시에 합중국 군대가 사용하고 있는 시설과 구역 및

합중국 군대가 이러한 시설과 구역을 재사용할 때에 합중국 군대가 이를 재사용한다는 유보권을 가진 채 대한민국에 반환한 시설과 구역은 전기 (가) 항에 따라 양 정부 간에 합의된 시설과 구역으로 간주한다. 합중국 군대가 사용하고 있거나 재사용권을 가지고 있는 시설과 구역에 관한 기록은 본 협정의 효력발생 후에도 합동위원회를 통하여 이를 보존한다.

2. 대한민국 정부와 합중국 정부는 어느 일방정부의 요청이 있을 때에는 이러한 협정을 재검토하여야 하며 또한 이러한 시설과 구역이나 그 일부를 대한민국에 반환하여야 할 것인지의 여부 또는 새로이 시설과 구역을 제공하여야 할 것인지의 여부에 대하여 합의할 수 있다.

3. 합중국이 사용하는 시설과 구역은 본 협정의 목적을 위하여 필요가 없게 되는 때에는 언제든지 합동위원회를 통하여 합의되는 조건에 따라 대한민국에 반환되어야 하며, 합중국은 그와 같이 반환한다는 견지에서 동 시설과 구역의 필요성을 계속 검토할 것에 동의한다.

4. (가) 시설과 구역이 일시적으로 사용되지 않고 또한 대한민국 정부가 이러한 통고를 받을 때에는 대한민국 정부는 잠정적으로 이러한 시설과 구역을 사용할 수 있거나 또는 대한민국 국민으로 하여금 사용시킬 수 있다. 다만, 이러한 사용은 합중국 군대에 의한 동 시설과 구역의 정상적인 사용목적에 유해하지 않을 것이라는 점이 합동위원회에 의하여 양 정부 간에 합의되는 경우에 한한다.

(나) 합중국 군대가 일정한 기간에 한하여 사용할 시설과 구역에 관하여 합동위원회는 이러한 시설과 구역에 관한 협정 중에 본 협정의 규정이 적용되지 아니하는 한도를 명기하여야 한다.

제3조 시설과 구역-보안 조치

1. 합중국은 시설과 구역 안에서 이러한 시설과 구역의 설정, 운영, 경호 및 관리에 필요한 모든 조치를 취할 수 있다. 대한민국 정부는 합중국 군대의 지원, 경호 및 관리를 위하여 동 시설과 구역에의 합중국 군대의 출입의 편의를 도모하기 위하여 합중국 군대의 요청과 합동위원회를 통한 양 정부 간의 협의에 따라 동 시설과 구역에 인접한 또는 그 주변의 토지, 영해 및 영공에 대하여 관계법령의 범위 내에서 필요한 조치를 취하여야 한다. 합중국은 또한 합동위원회를 통한 양 정부 간의 협의에 따라 전기의 목적상 필요한 조치를 취할 수 있다.

2. (가) 합중국은 대한민국의 영역으로의, 영역으로부터의 또는 영역 안의 항해, 항공, 통신 및 육상 교통을 불필요하게 방해하는 방법으로 제1항에 규정된 조치를 취하지 아니할 것에 동의한다.

(나) 전자파 방사장치용 「라디오」 주파수 또는 이에 유사한 사항을 포함한 전기통신에 관한 모든 문제는 양 정부의 지정 통신 당국 간의 약정에 따라 최대의 조정과 협력의 정신으로 신속히 계속 해결하여야 한다.

(다) 대한민국 정부는 관계법령과 협정의 범위 내에서 전자파방사에 민감한 장치, 전기통신 장치 또는 합중국 군대가 필요로 하는 기타 장치에 대한 방해를 방지하거나 제거시키기 위한 모든 합리적인 조치를 취하여야 한다.

3. 합중국 군대가 사용하고 있는 시설과 구역에서의 운영은 공공 안전을 적절히 고려하여 수행되어야 한다.

제4조 시설과 구역-시설의 반환

1. 합중국 정부는 본 협정의 종료시나 그 이전에 대한민국 정부에 시설과

구역을 반환할 때에 이들 시설과 구역이 합중국 군대에 제공되었던 당시의 상태로 동 시설과 구역을 원상회복하여야 할 의무를 지지 아니하며, 또한 이러한 원상회복 대신으로 대한민국 정부에 보상하여야 할 의무도 지지 아니한다.

2. 대한민국 정부는 본 협정의 종료시나 그 이전의 시설과 구역의 반환에 있어서, 동 시설과 구역에 가하여진 어떠한 개량에 대하여 또는 시설과 구역에 잔유한 건물 및 공작물에 대하여 합중국 정부에 어떠한 보상도 행할 의무를 지지 아니한다.

3. 전 2항의 규정은 합중국 정부가 대한민국 정부와의 특별한 약정에 의거하여 행할 수 있는 건설공사에는 적용되지 아니한다.

제5조 시설과 구역–경비와 유지

1. 합중국은 제2항에 규정된 바에 따라 대한민국이 부담하는 경비를 제외하고는 본 협정의 유효기간 동안 대한민국에 부담을 과하지 아니하고 합중국 군대의 유지에 따르는 모든 경비를 부담하기로 합의한다.

2. 대한민국은 합중국에 부담을 과하지 아니하고 본 협정의 유효기간 동안 제2조 및 제3조에 규정된 비행장과 항구에 있는 시설과 구역처럼 공동으로 사용하는 시설과 구역을 포함한 모든 시설, 구역 및 통행권을 제공하고, 상당한 경우에는 그들의 소유자와 제공자에게 보상하기로 합의한다. 대한민국 정부는 이러한 시설과 구역에 대한 합중국 정부의 사용을 보장하고, 또한 합중국 정부 및 그 기관과 직원이 이러한 사용과 관련하여 제기할 수 있는 제삼자의 청구권으로부터 해를 받지 아니하도록 한다.

제6조 공익사업과 용역

1. 합중국 군대는 대한민국 정부 또는 그 지방행정기관이 소유, 관리 또는 규제하는 모든 공익사업과 용역을 이용한다. "공익사업과 용역"이라 함은 수송과 통신의 시설 및 기관, 전기, 가스, 수도, 스팀, 전열, 전등, 동력 및 하수 오물 처리를 포함하되, 이것에만 한정하는 것은 아니다. 본항에 규정된 공익사업과 용역의 이용은 합중국이 군용 교통시설, 통신, 동력 및 합중국 군대의 운영에 필요한 기타 공익사업과 용역을 운영하는 권리를 침해하는 것은 아니다. 전기 권리는 대한민국 정부에 의한 동 정부의 공익사업과 용역의 운영과 합치하지 아니하는 방법으로 행사되어서는 아니 된다.

2. 합중국에 의한 이러한 공익사업과 용역의 이용은 어느 타 이용자에게 부여된 것보다 불리하지 아니한 우선권, 조건 및 사용료나 요금에 따라야 한다.

제7조 접수국 법령의 존중

합중국 군대의 구성원, 군속과 제15조에 따라 대한민국에 거주하고 있는 자 및 그들의 가족은 대한민국 안에 있어서 대한민국의 법령을 존중하여야 하고, 또한 본 협정의 정신에 위배되는 어떠한 활동 특히 정치적 활동을 하지 아니하는 의무를 진다.

제8조 출입국

1. 본조의 규정에 따를 것을 조건으로 합중국은 합중국 군대의 구성원, 군속 및 그들의 가족인 자를 대한민국에 입국시킬 수 있다. 대한민국 정부는 양정부 간에 합의될 절차에 따라 입국자와 출국자의 수 및 종별을 정기적으로 통고받는다.

2. 합중국 군대의 구성원은 여권 및 사증에 관한 대한민국 법령의 적용으로부터 면제된다. 합중국 군대의 구성원, 군속 및 그들의 가족은 외국인의 등록 및 관리에 관한 대한민국 법령의 적용으로부터 면제된다. 그러나, 대한민국 영역 안에서 영구적인 거소 또는 주소를 요구할 권리를 취득하는 것으로 인정되지 아니한다.

3. 합중국 군대의 구성원은 대한민국에 입국하거나 대한민국으로부터 출국함에 있어서 다음 문서를 소지하여야 한다.

(가) 성명, 생년월일, 계급과 군번 및 군의 구분을 기재하고 사진을 첨부한 신분증명서

(나) 개인 또는 집단이 합중국 군대의 구성원으로서 가지는 지위 및 명령받은 여행을 증명하는 개별적 또는 집단적 여행의 명령서

합중국 군대의 구성원은 대한민국에 있는 동안 그들의 신분을 증명하기 위하여 전기 신분증명서를 소지하여야 하며, 동 신분증명서는 대한민국의 관계당국이 요구하면 이를 제시하여야 한다.

4. 군속, 그들의 가족 및 합중국 군대의 구성원의 가족은 합중국 당국이 발급한 적절한 문서를 소지하여, 대한민국에 입국하거나 출국함에 있어서 또한 대한민국에 체류할 동안 그들의 신분이 대한민국 당국에 의하여 확인되도록 하여야 한다.

5. 본조 제1항에 따라 대한민국에 입국한 자가 그 신분의 변경으로 인하여 전기 입국의 자격을 가지지 못하게 된 경우에는 합중국 당국은 대한민국 당국에 이를 통고하여야 하며, 또한 그자가 대한민국으로부터 퇴거할 것을 대한민국 당국이 요청한 경우에는 대한민국 정부의 부담에 의하지 아니하고 상

당한 기간 내에 대한민국으로부터 수송하는 것을 보장하여야 한다.

6. 대한민국 정부가 합중국 군대의 구성원 또는 군속을 그 영역으로부터 이송시킬 것을 요청하거나 합중국 군대의 전 구성원 또는 전 군속에 대하여 또는 이러한 군대 구성원, 군속, 전 구성원 또는 전 군속들의 가족에 대하여 추방 명령을 한 경우에는, 합중국 당국은 그자를 자국의 영역 안에 받아들이거나 그러하지 아니하면 그자를 대한민국 영역 밖으로 내보내는 책임을 진다. 본항의 규정은 대한민국의 국민이 아닌 합중국 군대의 구성원이나 군속의 자격으로 또는 그러한 자가 될 목적으로 대한민국에 입국한 자 및 이러한 자의 가족에 대하여서만 적용한다.

제9조 통관과 관세

1. 합중국 군대의 구성원, 군속 및 그들의 가족은 본 협정에서 규정된 경우를 제외하고는, 대한민국 세관당국이 집행하고 있는 법령에 따라야 한다.

2. 합중국 군대(동 군대의 공인 조달기관과 제13조에 규정된 비세출자금기관을 포함한다)가 합중국 군대의 공용을 위하거나 또는 합중국 군대, 군속 및 그들의 가족의 사용을 위하여 수입하는 모든 자재, 수용품 및 비품과, 합중국 군대가 전용할 자재, 수용품 및 비품 또는 합중국 군대가 사용하는 물품이나 시설에 최종적으로 합체될 자재, 수용품 및 비품은 대한민국에의 반입이 허용된다. 이러한 반입에는 관세 및 기타의 과징금이 부과되지 아니한다.
전기의 자재, 수용품 및 비품은 합중국 군대(동 군대의 공인 조달기관과 제13조에 규정된 비세출자금기관을 포함한다)가 수입한 것이라는 뜻의 적당한 증명서를 필요로 하거나, 또는 합중국 군대가 전용할 자재, 수용품 및 비품 또는 동 군대가 사용하는 물품이나 시설에 최종적으로 합체될 자재, 수용품 및 비품에 있어서는 합중국 군대가 전기의 목적을 위하여 수령할 뜻의 적당한 증명서를 필요로 한다. 본항에서 규정된 면제는 합중국 군대가 동 군대로부터 군수지원을 받는 통합사령부 산하 주한 외국군대의 사용을 위하여 수입한 자재, 수용품 및 비품에도 적용한다.

3. 합중국 군대의 구성원, 군속 및 그들의 가족에게 탁송되고 또한 이러한 자들의 사용에 제공되는 재산에는 관세 및 기타의 과징금을 부과한다. 다만, 다음의 경우에는 관세 및 기타의 과징금을 부과하지 아니한다.

(가) 합중국 군대의 구성원이나 군속이 대한민국에서 근무하기 위하여 최초로 도착한 때에, 또한 그들의 가족이 이러한 군대의 구성원이나 군속과 동거하기 위하여 최초로 도착한 때에 사용을 위하여 수입한 가구, 가정용품 및 개인용품

(나) 합중국 군대의 구성원이나 군속이 자기 또는 그들의 가족의 사용을 위하여 수입하는 차량과 부속품

(다) 합중국 군대의 구성원, 군속 및 그들의 가족의 사용을 위하여 합중국 안에서 통상적으로 구입되는 종류의 합리적인 양의 개인용품 및 가정용품으로서 합중국 군사우편국을 통하여 대한민국에 우송되는 것

4. 제2항 및 제3항에서 허용한 면제는 물품 수입의 경우에만 적용되며, 또한 당해 물품의 반입시에 관세와 내국소비세가 이미 징수된 물품을 구입하는 경우에는 세관당국이 징수한 관세와 내국소비세를 환불하는 것으로 해석되지 아니한다.

5. 세관검사는 다음의 경우에는 이를 행하지 아니한다.

(가) 휴가명령이 아닌 명령에 따라 대한민국에 입국하거나 대한민국으로부

터 출국하는 합중국 군대의 구성원

(나) 공용의 봉인이 있는 공문서 및 공용의 우편 봉인이 있고 합중국 군사 우편경로에 있는 제1종 서장

(다) 합중국 군대에 탁송된 군사화물

6. 관세의 면제를 받고 대한민국에 수입된 물품은 대한민국 당국과 합중국 당국이 상호 합의하는 조건에 따라 처분을 인정하는 경우를 제외하고는 관세의 면제로 당해 물품을 수입하는 권리를 가지지 아니하는 자에 대하여 대한민국 안에서 이를 처분하여서는 아니 된다.

7. 제2항 및 제3항에 의거하여 관세 및 기타의 과징금의 면제를 받고 대한민국에 수입된 물품은 관세 및 기타의 과징금의 면제를 받고 이를 재수출할 수 있다.

8. 합중국 군대는 대한민국 당국과 협력하여 본조의 규정에 따라 합중국 군대, 동 군대의 구성원, 군속 및 그들의 가족에게 부여된 특권의 남용을 방지하기 위하여 필요한 조치를 취하여야 한다.

9. (가) 대한민국 당국과 합중국 군대는 대한민국 정부의 세관당국이 집행하는 법령에 위반하는 행위를 방지하기 위하여 조사의 실시 및 증거의 수집에 있어서 상호 협조하여야 한다.

(나) 합중국 군대는 대한민국 정부의 세관당국에 의하여 또는 이에 대신하여 행하여지는 압류될 물품을 인도하도록 확보하기 위하여 그의 권한 내의 모든 원조를 제공하여야 한다.

(다) 합중국 군대는 합중국 군대의 구성원이나 군속 또는 그들의 가족이

납부할 관세, 조세 및 벌금의 납부를 확보하기 위하여 그의 권한 내의 모든 원조를 제공하여야 한다.

(라) 합중국 군대당국은 세관검사의 목적으로 군사상 통제하는 부두와 비행장에 파견된 세관 직원에게 가능한 모든 원조를 제공하여야 한다.

(마) 합중국 군대에 속하는 차량 및 물품으로서 대한민국 정부의 관세 또는 재무에 관한 법령에 위반하는 행위에 관련하여 대한민국 정부의 세관당국이 압류한 것은, 관계 부대당국에 인도하여야 한다.

제10조 선박과 항공기의 기착

1. 합중국에 의하여, 합중국을 위하여 또는 합중국의 관리하에서 공용을 위하여 운항되는 합중국 및 외국의 선박과 항공기는 대한민국의 어떠한 항구 또는 비행장에도 입항료 또는 착륙료를 부담하지 아니하고 출입할 수 있다. 본 협정에 의한 면제가 부여되지 아니한 화물 또는 여객이 이러한 선박 또는 항공기에 의하여 운송될 때에는 대한민국의 관계당국에 그 뜻을 통고하여야 하며, 그 화물 또는 여객의 대한민국에의 출입국은 대한민국의 법령에 따라야 한다.

2. 제1항에 규정된 선박과 항공기, 기갑 차량을 포함한 합중국 정부 소유의 차량 및 합중국 군대의 구성원, 군속 및 그들의 가족은 합중국 군대가 사용하고 있는 시설과 구역에 출입하고, 이들 시설과 구역간을 이동하고, 또한 이러한 시설과 구역 및 대한민국의 항구 또는 비행장 간을 이동할 수 있다. 합중국의 군용차량의 시설과 구역에의 출입 및 이들 시설과 구역간의 이동에는 도로사용료 및 기타의 과징금을 과하지 아니한다.

3. 제1항에 규정된 선박이 대한민국 항구에 입항하는 경우 통상적인 상태

하에서는 대한민국의 관계당국에 대하여 적절한 통고를 하여야 한다. 이러한 선박은 강제도선이 면제되나, 도선사를 사용하는 경우에는 적절한 율의 도선료를 지급하여야 한다.

제11조 기상업무

대한민국 정부는 양국 정부의 관계당국 간의 약정에 따라 다음의 기상업무를 합중국 군대에 제공함을 약속한다.

(가) 선박에 의한 관측을 포함한 지상 및 해상에서의 기상관측

(나) 정기적 개황과 가능하다면 과거의 자료도 포함한 기상자료

(다) 기상정보를 보도하는 전기통신업무

(라) 지진 관측의 자료

제12조 항공 교통 관제 및 운항 보조 시설

1. 모든 민간 및 군용 항공 교통 관제는 긴밀한 협조를 통하여 발달을 이룩하여야 하며 또한 본 협정의 운영상 필요한 범위까지 통합되어야 한다. 이러한 협조 및 통합을 이룩하는데 필요한 절차 및 이에 대한 추후의 변경은 양 정부의 관계당국 간에 성립되는 약정에 의하여 설정된다.

2. 합중국은 대한민국 전역과 그 영해에 선박 및 항공기의 운항 보조시설(소요되는 바에 따라 시각형과 전자형)을 설치, 건립 및 유지할 권한을 가진다. 이러한 운항 보조시설은 대한민국에서 사용되고 있는 체제에 대체로 합치하여야 한다. 운항 보조시설을 설치한 대한민국 및 합중국의 당국은 동 보조시설의 위치와 특징을 적절히 상호 통고하여야 하며, 또한 이들 보조시설을 변경하거나 부가적인 운항 보조시설을 설치하기에 앞서 가능한 한 사전 통고를 하여야 한다.

제13조 비세출자금기관

1. (가) 합중국 군 당국이 공인하고 규제하는 군 판매점, 식당, 사교클럽, 극장, 신문 및 기타 비세출자금기관은 합중국 군대의 구성원, 군속 및 그들의 가족의 이용을 위하여 합중국 군대가 설치할 수 있다. 이러한 제 기관은 본 협정에 달리 규정하는 경우를 제외하고는 대한민국의 규제, 면허, 수수료, 조세 또는 이에 유사한 관리를 받지 아니한다.

(나) 합중국 군 당국이 공인하고 규제하는 신문이 일반 대중에 판매되는 때에는 그 배포에 관한 한 대한민국의 규제, 면허, 수수료, 조세 또는 이에 유사한 관리를 받는다.

2. 이러한 제 기관에 의한 상품 및 용역의 판매에는 본조 제1항 (나)에 규정된 바를 제외하고는 대한민국의 조세를 부과하지 아니하나, 이러한 제 기관에 의한 상품 및 수용품의 대한민국 안에서의 구입에는 양 정부 간에 달리 합의하지 아니하는 한 이러한 상품 및 수용품의 다른 구입자가 부과받는 대한민국의 조세를 부과한다.

3. 이러한 제 기관이 판매하는 물품은 대한민국 및 합중국의 당국이 상호 합의하는 조건에 따라 처분을 인정하는 경우를 제외하고는 이러한 제 기관으로부터의 구입이 인정되지 아니한 자에 대하여 대한민국 안에서 이를 처분하여서는 아니 된다.

4. 본조에 규정된 제 기관은 합동위원회에서 양 정부 대표 간의 협의를 통하여 대한민국 조세당국에 대한민국 세법이 요구하는 정보를 제공하여야 한다.

제14조 과세

1. 합중국 군대는 그가 대한민국 안에서 보유, 사용 또는 이전하는 재산에 대하여 조세 또는 이에 유사한 과징금을 부과받지 아니한다.

2. 합중국 군대의 구성원, 군속 및 그들의 가족은 이들이 제13조에 규정된 제 기관을 포함한 합중국 군대에서 근무하거나 고용된 결과로 취득한 소득에 대하여 대한민국 정부 또는 대한민국에 있는 기타 과세기관에 대하여 어떠한 대한민국의 조세도 납부할 의무를 부담하지 아니한다. 합중국 군대의 구성원, 군속 또는 그들의 가족이라는 이유만으로 대한민국에 류하는 자는 대한민국 밖에서의 원천으로부터 발생한 소득에 대하여, 대한민국 정부 또는 대한민국에 있는 어느 과세기관에 대하여서도 어떠한 대한민국의 조세도 이를 납부할 의무를 부담하지 아니하며, 또한 이러한 자가 대한민국에 체류하는 기간은 대한민국 조세의 부과상 대한민국에 거소나 주소를 가지는 기간으로 간주되지 아니한다. 본조의 규정은 이러한 자에 대하여 본항 첫 단에서 규정하고 있는 원천 이외의 대한민국의 원천에서 발생한 소득에 대하여, 대한민국 조세의 납부의무를 면제하지 아니하며, 또한 합중국의 소득세 때문에 대한민국에 소가 있다고 신립하는 합중국 시민에 대하여는 소득에 대한 대한민국 조세의 납부를 면제하지 아니한다.

3. 합중국 군대의 구성원, 군속 및 그들의 가족은 그들이 단지 일시적으로 대한민국에 체류한 에 기인하여 대한민국에 소재하는 동산 또는 무체재산권의 보유, 사용 및 이들 상호 간의 이전 또는 사망에 의한 이전에 대하여는 대한민국에서의 과세로부터 면제받는다. 다만, 이러한 면제는 대한민국 안에서 투자를 위하거나 사업을 행하기 위하여 보유한 재산 또는 대한민국에서 등록된 어떠한 무체재산권에도 적용되지 아니한다.

제15조 초청 계약자

1. (가) 합중국의 법률에 따라 조직된 법인, (나) 통상적으로 합중국에 거주하는 그의 고용원 및 (다) 전기한 자의 가족을 포함하여 합중국 군대 또는 동 군대로부터 군수지원을 받는 연합사령부 산하 주한외국군대를 위한 합중국과의 계약 이행만을 위하여 대한민국에 체류하고 또한 합중국 정부가 하기 제2항의 규정에 따라 지정한 자는 본조에 규정된 경우를 제외하고는 대한민국의 법령에 따라야 한다.

2. 전기 제1항에 규정된 지정은 대한민국 정부와의 협의에 의하여 이루어져야 하고 또한 안전상의 고려, 관계업자의 기술상의 적격요건, 합중국의 표준에 합치하는 자재 또는 용역의 여 또는 합중국의 법령상의 제한 때문에 공개경쟁입찰을 실시할 수 없는 경우에만 행하여져야 한다. 그 지정은 다음의 경우에는 합중국 정부는 이를 철회하여야 한다.

(가) 합중국 군대 또는 동 군대로부터 군수지원을 받는 통합사령부 산하 주한외국군대를 위한 합중국과의 계약이 종료되는 때

(나) 이러한 자가 합중국 군대 또는 동 군대로부터 군수지원을 받는 통합사령부 산하 주한외국군대관계의 사업활동 이외의 사업활동에 종사하고 있는 사실이 입증되는 때

(다) 이러한 자가 대한민국에서 위법한 활동에 종사하는 사실이 입증되는 때

3. 이러한 자는 그의 신분에 관한 합중국 관계당국의 증명이 있는 때에는 본 협정상의 다음의 이익이 부여된다.

(가) 제10조제2항에 규정된 출입 및 이동

(나) 제8조의 규정에 따른 대한민국에의 입국

(다) 합중국 군대의 구성원, 군속 및 그들의 가족에 대하여 제9조제3항에

규정된 관세 및 기타 과징금의 면제

(라) 합중국 정부에 의하여 인정되는 때에는 제13조에 규정된 기관의 용역 이용

(마) 합중국 군대의 구성원, 군속 및 그들의 가족에 대하여 제18조제2항에 규정된 것

(바) 합중국 정부에 의하여 인정되는 때에는 제19조에 규정된 바에 따른 군표의 사용

(사) 제20조에 규정된 우편시설의 이용

(아) 공익사업과 용역에 관하여, 제6조에 의하여 합중국 군대에 부여되는 우선권, 조건, 사용료나 요금에 따르는 공익사업과 용역의 이용

(자) 고용조건 및 사업과 법인의 면허와 등록에 관한 대한민국 법령의 적용으로부터의 면제

4. 이러한 자의 도착, 출발 및 대한민국에 있는 동안의 거소는 합중국 군대가 대한민국 당국에 이를 수시로 통고하여야 한다.

5. 이러한 자가 제1항에 규정된 계약 이행만을 위하여 보유하고 사용하며 또는 이전하는 감가 소각 자산(가옥을 제외한다)에 대하여는 합중국 군대의 권한 있는 대표의 증명이 있는 때에는 대한민국의 조세 및 이에 유사한 과징금을 부과하지 아니한다.

6. 이러한 자는 합중국 군대의 권한 있는 대표의 증명이 있는 때에는 그들이 단지 일시적으로 대한민국에 체류한 것에 기인하여 대한민국에 소재하는 동산 또는 무체재산권의 보유, 사용, 사망에 의한 이전 또는 본 협정에 따라 면세받는 권리를 가지는 개인 또는 기관에의 이전에 대하여 대한민국에서의

과세로부터 면제된다. 다만, 이러한 면제는 대한민국 안에서 투자를 위하거나 기타의 사업을 행하기 위하여 보유한 재산 또는 대한민국에서 등록된 어떠한 무체재산권에도 적용되지 아니한다.

7. 이러한 자는, 본 협정에 규정된 어느 것의 시설이나 구역의 건설, 유지 또는 운영에 관한 합중국 정부와의 계약에 의하여 발생하는 소득에 대하여, 대한민국 정부 또는 대한민국에 있는 기타의 과세기관에 소득세 또는 법인세를 납부할 의무를 지지 아니한다. 이러한 합중국과의 계약의 이행과 관련하여, 대한민국에 체류하는 자는 대한민국 밖의 원천으로부터 발생하는 소득에 대하여 대한민국 정부 또는 대한민국에 있는 과세기관에 어떠한 대한민국 조세도 납부할 의무를 지지 아니하며, 또한 이러한 자가 대한민국에 체류하는 기간은 대한민국 조세의 부과상 대한민국에 거소나 주소를 가지는 기간으로 간주되지 아니한다.

본항의 규정은 이러한 자에 대하여 본항의 첫 단에 규정된 원천 이외의 대한민국의 원천으로부터 발생하는 소득에 대하여 소득세 또는 법인세의 납부를 면제하는 것이 아니며, 또한 합중국의 소득세 때문에 대한민국에 거소가 있다고 신립하는 자에 대하여는 대한민국의 조세 납부를 면제하지 아니한다.

8. 대한민국 당국은 대한민국 안에서 발생한 범죄로서 대한민국 법령에 의하여 처벌할 수 있는 범죄에 관하여 이러한 자에 대하여 재판권을 행사할 권리를 가진다. 대한민국의 방위에 있어서의 이러한 자의 역할을 인정하여 그들은 제22조제5항, 제7항(나), 제9항 및 동 관계합의의사록의 규정에 따라야 한다. 대한민국 당국이 재판권을 행사하지 아니하기로 결정하는 경우에는 대한민국 당국은 조속히 합중국 군 당국에 통고하여야 한다. 합중국 군 당국은 이러한 통고를 접수하면 합중국 법령에 의하여 부여된 바에 따라 전기의 자

에 대하여 재판권을 행사할 권리를 가진다.

제16조 현지조달

1. 합중국은 본 협정의 목적을 위하거나 본 협정에서 인정되는 바에 따라 대한민국 안에서 공급 또는 제공될 자재, 수용품, 비품 및 용역(건축공사를 포함한다)의 조달을 위하여 계약자, 공급자 또는 용역을 제공하는 자의 선택에 관하여 제한을 받지 아니하고 계약할 수 있다. 이러한 자재, 수용품, 비품 및 용역은 양 정부의 관계당국 간에 합의되는 바에 따라 대한민국 정부를 통하여 조달될 수 있다.

2. 합중국 군대의 유지를 위하여 현지에서 공급될 필요가 있는 자재, 수용품, 비품 및 용역으로서 그 조달이 대한민국의 경제에 악영향을 미칠 우려가 있는 것은 대한민국의 관계당국과의 조정하에, 또한 요망되는 경우에는 대한민국의 관계당국을 통하거나 그 원조를 얻어 조달되어야 한다.

3. 공인 조달기관을 포함한 합중국 군대가 대한민국 안에서 공용을 위하여 조달하는 자재, 수용품, 비품 및 용역 또는 합중국 군대의 최종 소비사용을 위하여 조달하는 자재, 수용품, 비품 및 용역은 동 합중국 군대가 사전에 적절한 증명서를 제시하면, 다음의 대한민국 조세가 면제된다.

(가) 물품세

(나) 통행세

(다) 석유류세

(라) 전기 가스세

(마) 영업세

양국 정부는 본조에 명시하지 아니한 대한민국의 현재 또는 장래의 조세로서 합중국 대에 의하여 조달되거나 최종적으로 사용되기 위한 자재, 수용품, 비품 및 용역의 총 구입가격의 상당한 부분 및 용이하게 판별할 수 있는 부분을 이루는 것이라고 인정되는 것에 관하여, 본조의 목적에 합치하는 면세 또는 감세를 인정하기 위한 절차에 관하여 합의한다.

4. 합중국 군대의 구성원, 군속 및 그들의 가족은 본조를 이유로 하여 대한민국 안에서 부과할 수 있는 물품 및 용역의 개인적 구입에 대하여 조세 또는 이에 유사한 공과금의 면제를 향유하는 것은 아니다.

5. 제3항에 규정된 조세의 면제를 받아 대한민국에서 구입한 물품은 대한민국 당국과 합중국 당국이 상호 간에 합의하는 조건에 따라 처분을 인정하는 경우를 제외하고는 당해 물품을 면세로 구입하는 권리를 가지지 아니하는 자에 대하여 대한민국 안에서 이를 처분하여서는 아니 된다.

제17조 노무

1. 본조에 있어서

(가) "고용주"라 함은 합중국 군대(비세출자금기관을 포함한다) 및 제15조 제1항에 규정된 자를 말한다.

(나) "고용원"이라 함은 고용주가 고용한 군속이나 제15조에 규정된 계약자의 고용원이 아닌 민간인을 말한다. 다만, (1) 한국노무단(「케이·에스·씨」)의 구성원 및 (2) 합중국 군대의 구성원, 군속 또는 그들의 가족의 개인이 고용한 가사사용인은 제외된다. 이러한 고용원은 대한민국 국민이어야 한다.

2. 고용주는 그들의 인원을 모집하고 고용하며 관리할 수 있다. 대한민국 정부의 모집사무기관은 가능한 한 이용된다. 고용주가 고용원을 직접 모집하

는 경우에는 고용주는 노동행정상 필요한 적절한 정보를 대한민국 노동청에 제공한다.

3. 본조의 규정과 합중국 군대의 군사상 필요에 배치되지 아니하는 한도 내에서 합중국 군대가 그들의 고용원을 위하여 설정한 고용조건, 보상 및 노사관계는 대한민국의 노동법령의 제 규정에 따라야 한다.

4. (가) 고용주와 고용원이나 승인된 고용원 단체 간의 쟁의로서, 합중국 군대의 불평처리 또는 노동관계 절차를 통하여 해결될 수 없는 것은 대한민국 노동법령 중 단체행동에 관한 규정을 고려하여 다음과 같이 해결되어야 한다.

(1) 쟁의는 조정을 위하여 대한민국 노동청에 회부되어야 한다.

(2) 그 쟁의가 전기 (1)에 규정된 절차에 의하여 해결되지 아니한 경우에는 그 문제는 합동위원회에 회부되며, 또한 합동위원회는 새로운 조정에 노력하고자 그가 지정하는 특별위원회에 그 문제를 회부할 수 있다.

(3) 그 쟁의가 전기의 절차에 의하여 해결되지 아니한 경우에는 합동위원회는 신속한 절차가 뒤따를 것이라는 확증하에 그 쟁의를 해결한다. 합동위원회의 결정은 구속력을 가진다.

(4) 어느 승인된 고용원 단체 또는 고용원이 어느 쟁의에 대한 합동위원회의 결정에 불복하거나, 또는 해결절차의 진행중 정상적인 업무요건을 방해하는 행동에 종사함은 전기 단체의 승인철회 및 그 고용원의 해고에 대한 정당한 사유로 간주된다.

(5) 고용원 단체나 고용원은 쟁의가 전기 (2)에 규정된 합동위원회에 회부된 후 적어도 70일의 기간이 경과되지 아니하는 한 정상적인 업무요건을 방해하는 어떠한 행동에도 종사하여서는 아니 된다.

(나) 고용원 또는 고용원 단체는 노동쟁의가 전기 절차에 의하여 해결되지 아니하는 경우에는 계속 단체행동권을 가진다. 다만, 합동위원회가 이러한 행동이 대한민국의 공동방위를 위한 합중국 군대의 군사작전을 심히 방해한다고 결정하는 경우에는 제외한다. 합동위원회에서 이 문제에 관하여 합의에 도달할 수 없을 경우에는 그 문제는 대한민국 정부의 관계관과 아메리카합중국 외교사절 간의 토의를 통한 재검토의 대상이 될 수 있다.

(다) 본조의 적용은 전쟁, 적대행위 또는 전쟁이나 적대행위가 절박한 상태와 같은 국가 비상시에는 합중국 군 당국과의 협의하에 대한민국 정부가 취하는 비상조치에 따라 제한된다.

5. (가) 대한민국이 노동력을 배정할 경우에는 합중국 군대는 대한민국 국군이 가지는 것보다 불리하지 아니한 배정 특권이 부여되어야 한다.

(나) 전쟁, 적대행위 또는 전쟁이나 적대행위가 절박한 상태와 같은 국가 비상시에는 합중국 군대의 임무에 긴요한 기술을 습득한 고용원은 합중국 군대의 요청에 따라 상호 협의를 통하여 대한민국의 병역이나 또는 기타 강제복무가 연기되어야 한다. 합중국 군대는 긴요하다고 인정되는 고용원의 명단을 대한민국에 사전에 제공하여야 한다.

6. 군속은 그들의 임용과 고용조건에 관하여 대한민국의 제 법령에 따르지 아니한다.

제18조 외환관리

1. 합중국 군대의 구성원, 군속 및 그들의 가족은 대한민국 정부의 외환관리에 따라야 한다.

2. 전항의 규정은 합중국 "불" 또는 "불" 증권으로서, 합중국의 공급인 것 또는 합중국 군대의 구성원 및 군속이 본 협정과 관련하여 근무하거나 고용된 결과로서 취득한 것 또는 이러한 자와 그들의 가족이 대한민국 밖의 원천으로부터 취득한 것의 대한민국으로의 또는 대한민국으로부터의 이전을 막는 것으로 해석되지 아니한다.

3. 합중국 당국은 전항에 규정된 특권의 남용 또는 대한민국의 외환관리 회피를 방지하기 위한 필요한 조치를 취하여야 한다.

제19조 군표

1. (가) "불"로 표시된 합중국 군표는 합중국에 의하여 인가받은 자가 그들 상호 간의 거래를 위하여 사용할 수 있다. 합중국 정부는 합중국의 규칙이 허용하는 경우를 제외하고는 인가받은 자가 군표를 사용하는 거래에 종사하는 것을 금지하도록 보장하기 위한 적당한 조치를 취한다. 대한민국 정부는 인가받지 아니한 자가 군표를 사용하는 거래에 종사하는 것을 금지하기 위한 필요한 조치를 취하며 또한 합중국 당국의 원조를 얻어 군표의 위조 또는 위조군표의 사용에 관여하는 자로서 대한민국 당국의 재판권에 따르는 자를 체포하고 처벌할 것을 약속한다.

(나) 합중국 당국은 합중국의 법률이 허용하는 한도까지 인가받지 아니한 자에 대하여 군표를 행사하는 합중국 군대의 구성원, 군속 및 그들의 가족을 체포하고 처벌할 것에 합의하며, 또한 대한민국 안에서 허용되지 아니하는 사용의 결과로서 합중국이나 그 기관이 이러한 인가를 받지 아니한 자 또는 대한민국 정부나 그 기관에 대하여 어떠한 의무도 부담시키지 아니할 것에 합의한다.

2. 합중국은 군표를 관리하기 위하여 합중국의 감독하에 합중국에 의하여 군표사용을 인가받은 자의 사용을 위한 시설을 유지하고 운영하는 일정한 아메리카의 금융기관을 지정할 수 있다. 군용은행시설의 유지를 인가받은 금융기관은 이러한 시설을 당해 기관의 대한민국의 상업금융업체로부터 장소적으로 분리하여 설치하고 유지할 것이며, 이러한 시설을 유지하고 운영하는 것을 유일의 임무로 하는 직원을 둔다. 이러한 시설은 합중국 통화에 의한 은행계정을 유지하고 또한 이러한 계정과 관련된 모든 금융거래(본 협정 제18조제2항에 규정된 범위 내에서의 자금의 영수 및 송금을 포함한다)를 행하는 것이 허용된다.

제20조 군사우체국

합중국은 대한민국에 있는 합중국 군사우체국 간 및 이러한 군사우체국과 기타 합중국 우체국 간에 있어서의 우편물의 송달을 위하여 합중국 군대가 사용하고 있는 시설 및 구역 안에 합중국 군대의 구성원, 군속 및 그들의 가족이 이용하는 합중국 군사우체국을 설치하고 운영할 수 있다.

제21조 회계절차

대한민국 정부와 합중국 정부는 본 협정으로부터 발생하는 금융거래에 적용할 수 있도록 회계절차를 위한 약정을 체결할 것에 합의한다.

제22조 형사재판권

1. 본조의 규정에 따를 것을 조건으로,

(가) 합중국 군 당국은 합중국 군대의 구성원, 군속 및 그들의 가족에 대하여 합중국 법령이 부여한 모든 형사재판권 및 징계권을 대한민국 안에서 행사할 권리를 가진다.

(나) 대한민국 당국은 합중국 군대의 구성원, 군속 및 그들의 가족에 대하여 대한민국의 영역 안에서 범한 범죄로서 대한민국 법령에 의하여 처벌할 수 있는 범죄에 관하여 재판권을 가진다.

2. (가) 합중국 군 당국은 합중국 군대의 구성원이나 군속 및 그들의 가족에 대하여 합중국 법령에 의하여서는 처벌할 수 있으나 대한민국 법령에 의하여서는 처벌할 수 없는 범죄(합중국의 안전에 관한 범죄를 포함한다)에 관하여 전속적 재판권을 행사할 권리를 가진다.

(나) 대한민국 당국은 합중국 군대의 구성원이나 군속 및 그들의 가족에 대하여, 대한민국 법령에 의하여서는 처벌할 수 있으나 합중국 법령에 의하여서는 처벌할 수 없는 범죄(대한민국의 안전에 관한 범죄를 포함한다)에 관하여 전속적 재판권을 행사할 권리를 가진다.

(다) 본조 제2항 및 제3항의 적용상, 국가의 안전에 관한 범죄라 함은 다음의 것을 포함한다.

(1) 당해국에 대한 반역

(2) 방해 행위(사보타주), 간첩행위 또는 당해국의 공무상 또는 국방상의 비밀에 관한 법령의 위반

3. 재판권을 행사할 권리가 경합하는 경우에는 다음의 규정이 적용된다.

(가) 합중국 군 당국은 다음의 범죄에 관하여는 합중국 군대의 구성원이나 군속 및 그들의 가족에 대하여 재판권을 행사할 제일차적 권리를 가진다.

(1) 오로지 합중국의 재산이나 안전에 대한 범죄, 또는 오로지 합중국 군대의 타 구성원이나 군속 또는 그들의 가족의 신체나 재산에 대한 범죄

(2) 공무집행 중의 작위 또는 부작위에 의한 범죄

(나) 기타의 범죄에 관하여는 대한민국 당국이 재판권을 행사할 제일차적

권리를 가진다.

(다) 제일차적 권리를 가지는 국가가 재판권을 행사하지 아니하기로 결정한 때에는 가능한 한 신속히 타방 국가당국에 그 뜻을 통고하여야 한다. 제일차적 권리를 가지는 국가의 당국은 타방국가가 이러한 권리포기를 특히 중요하다고 인정하는 경우에 있어서 그 타방국가의 당국으로부터 그 권리포기의 요청이 있으면 그 요청에 대하여 호의적 고려를 하여야 한다.

4. 본조의 전기 제 규정은 합중국 군 당국이 대한민국의 국민인 자 또는 대한민국에 통상적으로 거주하고 있는 자에 대하여 재판권을 행사할 권리를 가진다는 것을 뜻하지 아니한다. 다만, 그들이 합중국 군대의 구성원인 경우에는 그러하지 아니하다.

5. (가) 대한민국 당국과 합중국 군 당국은 대한민국 영역 안에서 합중국 군대의 구성원, 군속 또는 그들의 가족을 체포함에 있어서 그리고 다음의 규정에 따라 그들을 구금할 당국에 인도함에 있어서 상호 조력하여야 한다.

(나) 대한민국 당국은 합중국 군 당국에 합중국 군대의 구성원, 군속 또는 그들의 가족의 체포를 즉시 통고하여야 한다. 합중국 군 당국은 대한민국이 재판권을 행사할 제일차적 권리를 가지는 경우에 있어서 합중국 군대의 구성원, 군속 또는 그들의 가족의 체포를 대한민국 당국에 즉시 통고하여야 한다.

(다) 대한민국이 재판권을 행사할 합중국 군대의 구성원, 군속 또는 그들의 가족인 피의자의 구금은 그 피의자가 합중국 군 당국의 수중에 있는 경우에는 모든 재판절차가 종결되고 또한 대한민국 당국이 구금을 요청할 때까지 합중국 군당국이 계속 이를 행한다. 그 피의자가 대한민국의 수중에 있는 경우에는 그 피의자는 요청이 있으면 합중국 군 당국에 인도되어야 하며 모든 재판절차가 종결되고 또한 대한민국 당국이 구금을 요청할 때까지 합중

국 군 당국이 계속 구금한다. 피의자가 합중국 군 당국의 구금하에 있는 경우에는 합중국 군 당국은 어느 때든지 대한민국 당국에 구금을 인도할 수 있으며, 또한 특정사건에 있어서 대한민국 당국이 행할 수 있는 구금 인도의 요청에 대하여 호의적 고려를 하여야 한다.

합중국 군 당국은 수사와 재판을 위한 요청이 있으면 즉시 대한민국 당국으로 하여금 이러한 피의자 또는 피고인에 대한 수사와 재판을 할 수 있게 하여야 하며, 또한 이러한 목적을 위하고 사법절차의 진행에 대한 장애를 방지하기 위하여 모든 적절한 조치를 취하여야 한다. 합중국 군 당국은 대한민국 당국이 행한 구금에 관한 특별한 요청에 대하여 충분히 고려하여야 한다.

대한민국 당국은 합중국 군 당국이 합중국 군대의 구성원, 군속 또는 가족인 피의자의 구금을 계속함에 있어서 동 당국으로부터 조력을 요청하면 이 요청에 대하여 호의적 고려를 하여야 한다.

(라) 제2항 (다)에 규정된 오로지 대한민국의 안전에 대한 범죄에 관한 피의자는 대한민국 당국의 구금하에 두어야 한다.

6. (가) 대한민국 당국과 합중국 군 당국은 범죄에 대한 모든 필요한 수사의 실시 및 증거의 수집과 제출(범죄에 관련된 물건의 압수 및 상당한 경우에는 그의 인도를 포함한다)에 있어서 상호 조력하여야 한다. 그러나, 이러한 물건은 인도를 하는 당국이 정하는 기간 내에 환부할 것을 조건으로 인도할 수 있다.

(나) 대한민국 당국과 합중국 군 당국은 재판권을 행사할 권리가 경합하는 모든 사건의 처리를 상호 통고하여야 한다.

7. (가) 사형의 판결은 대한민국의 법령이 같은 경우에 사형을 규정하고 있지 아니한 때에는 합중국 군 당국이 대한민국 안에서 이를 집행하여서는 아

니 된다.

(나) 대한민국 당국은 합중국 군 당국이 본조의 규정에 따라 선고한 자유형을 대한민국 영역 안에서 집행함에 있어서 합중국 군 당국으로부터 조력을 요청하면 이 요청에 대하여 호의적 고려를 하여야 한다. 대한민국 당국은 또한 대한민국 법원이 선고한 구금형에 복역하고 있는 합중국 군대의 구성원, 군속 또는 그들의 가족의 구금인도를 합중국 당국이 요청하면 이 요청에 대하여 호의적 고려를 하여야 한다. 이와 같이 구금이 합중국 군 당국에 인도된 경우에는 합중국은 구금형의 복역이 종료되거나 또는 이러한 구금으로부터의 석방이 대한민국 관계당국의 승인을 받을 때 까지 합중국의 적당한 구금시설 안에서 그 개인의 구금을 계속할 의무를 진다. 이러한 경우에 합중국 당국은 대한민국 당국에 관계 정보를 정규적으로 제공하여야 하며, 또한 대한민국 정부의 대표는 대한민국 법원이 선고한 형을 합중국의 구금시설 안에서 복역하고 있는 합중국 군대의 구성원, 군속 또는 가족과 접견할 권리를 가진다.

8. 피고인이 본조의 규정에 따라 대한민국 당국이나 합중국 군 당국 중의 어느 일방당국에 의하여 재판을 받은 경우에 있어서, 무죄판결을 받았을 때 또는 유죄판결을 받고 복역 중에 있거나 복역을 종료하였을 때 또는 그의 형이 감형되었거나 집행정지되었을 때 또는 사면되었을 때에는 그 피고인은 타방국가 당국에 의하여 대한민국의 영역 안에서 동일한 범죄에 대하여 이중으로 재판받지 아니한다. 그러나, 본항의 어떠한 규정도 합중국 군 당국이 합중국 군대의 구성원을, 그자가 대한민국 당국에 의하여 재판을 받은 범죄를 구성한 행위나 부작위에 의한 군기위반에 대하여 재판하는 것을 막는 것은 아니다.

9. 합중국 군대의 구성원, 군속 또는 그들의 가족은 대한민국의 재판권에 의하여 공소가 제기되는 때에는 언제든지 다음의 권리를 가진다.

(가) 지체없이 신속한 재판을 받을 권리

(나) 공판 전에 자신에 대한 구체적인 공소사실의 통지를 받을 권리

(다) 자신에 불리한 증인과 대면하고 그를 신문할 권리

(라) 증인이 대한민국의 관할 내에 있는 때에는 자신을 위하여 강제적 절차에 의하여 증인을 구할 권리

(마) 자신의 변호를 위하여 자기가 선택하는 변호인을 가질 권리 또는 대한민국에서 그 당시에 통상적으로 행하여지는 조건에 따라 비용을 요하지 아니하거나 또는 비용의 보조를 받는 변호인을 가질 권리

(바) 피고인이 필요하다고 인정하는 때에는 유능한 통역인의 조력을 받을 권리

(사) 합중국의 정부대표와 접견 교통할 권리 및 자신의 재판에 그 대표를 입회시킬 권리

10. (가) 합중국 군대의 정규 편성부대 또 편성대는 본 협정 제2조에 따라 사용하는 시설이나 구역에서 경찰권을 행사할 권리를 가진다. 합중국 군대의 군사경찰은 동 시설 및 구역 안에서 질서 및 안전의 유지를 보장하기 위하여 모든 적절한 조치를 취할 수 있다.

(나) 이러한 시설 및 구역 밖에서는 전기의 군사경찰은 반드시 대한민국 당국과의 약정에 따를 것을 조건으로 하고 또한 대한민국 당국과의 연락하에 행사되어야 하며, 그 행사는 합중국 군대의 구성원 간의 규율과 질서의 유지 및 그들의 안전보장을 위하여 필요한 범위 내에 국한된다.

11. 상호방위조약 제2조가 적용되는 적대행위가 발생한 경우에는 형사재

판권에 관한 본 협정의 규정은 즉시 그 적용이 정지되고 합중국 군 당국은 합중국 군대의 구성원, 군속 및 그들의 가족에 대한 전속적 재판권을 행사할 권리를 가진다.

12. 본조의 규정은 본 협정의 효력발생 전에 범한 어떠한 범죄에도 적용되지 아니한다. 이러한 사건에 대하여는 1950년 7월 12일자 대전에서 각서 교환으로 효력이 발생된 대한민국과 합중국 간의 협정의 규정을 적용한다.

제23조 청구권

1. 각 당사국은 자국이 소유하고 자국의 군대가 사용하는 재산에 대한 손해에 관하여 다음의 경우에는 타방당사국에 대한 모든 청구권을 포기한다.

(가) 손해가 타방당사국 군대의 구성원 또는 고용원에 의하여 그의 공무집행 중에 일어난 경우, 또는

나) 손해가 타방당사국이 소유하고 동국의 군대가 사용하는 차량, 선박 또는 항공기의 사용으로부터 일어난 경우. 다만, 손해를 일으킨 차량, 선박 또는 항공기가 공용을 위하여 사용되고 있었을 때, 또는 손해가 공용을 위하여 사용되고 있는 재산에 일어났을 때에만 한한다.

해난 구조에 관한 일방당사국의 타방당사국에 대한 청구권은 이를 포기한다. 다만, 구조된 선박이나 선하가 타방당사국이 소유하고 동국의 군대가 공용을 위하여 사용중이던 경우에 한한다.

2. (가) 제1항에 규정된 손해가 어느 일방당사국이 소유하는 기타 재산에 일어난 경우에는 양 정부가 달리 합의하지 아니하는 한 본항 (나)의 규정에 따라 선정되는 일인의 중재인이 타방당사국의 책임문제를 결정하고 또한 손해액을 사정한다. 이 중재인은 또한 동일 사건으로부터 발생하는 어떠한 반대의 청구도 재정한다.

(나) 전기 (가)에 규정된 중재인은 양 정부 간의 합의에 의하여, 사법관계의 상급지위에 있거나 또는 있었던 대한민국 국민 중에서 이를 선정한다.

(다) 중재인이 행한 재정은 양 당사국에 대하여 구속력이 있는 최종적인 것이다.

(라) 중재인이 재정한 모든 배상금은 본조 제5항 (마)의 (1), (2) 및 (3)의 규정에 따라 이를 분담한다.

(마) 중재인의 보수는 양 정부 간의 합의에 의하여 정하여지며, 양 정부가 중재인의 임무수행에 따르는 필요한 비용과 함께 균등한 비율로 분담하여 이를 지급한다.

(바) 각 당사국은 이러한 어떠한 경우에도 일천사백 합중국 불($ 1,400) 또는 대한민국 통화로 이에 해당되는 액수(청구가 제기된 때에 제18조의 합의의사록에 규정된 환율에 의한다) 이하의 금액에 대하여는 각기 청구권을 포기한다.

3. 본조 제1항 및 제2항의 적용상, 선박에 관하여 "당사국이 소유…"라 함은 그 당사국이 나용선계약에 의하여 임차한 선박, 나선조건으로 징발한 선박 또는 나포한 선박을 포함한다. (다만, 손실의 위험 또는 책임이 당해 당사국 이외의 자에 의하여 부담되는 한에 있어서는 그러하지 아니하다)

4. 각 당사국은 자국 군대의 구성원이 그의 공무 집행에 종사하고 있었을 때에 입은 부상이나 사망에 관한 타방당사국에 대한 모든 청구권을 포기한다.

5. 공무집행 중의 합중국 군대의 구성원이나 고용원(대한민국 국민이거나 대한민국에 통상적으로 거주하는 고용원을 포함한다)의 작위 또는 부작위 또는 합중국 군대가 법률상 책임을 지는 기타의 작위, 부작위 또는 사고로서,

대한민국 안에서 대한민국 정부 이외의 제삼자에 손해를 가한 것으로부터 발생하는 청구권(계약에 의한 청구권 및 본조 제6항이나 제7항의 적용을 받는 청구권은 제외된다)은, 대한민국이 다음의 규정에 따라 이를 처리한다.

(가) 청구는 대한민국 군대의 행동으로부터 발생하는 청구권에 관한 대한민국의 법령에 따라 제기하고 심사하며 해결하거나 또는 재판한다.

(나) 대한민국은 전기한 어떠한 청구도 해결할 수 있으며, 또한 합의되거나 재판에 의하여 결정된 금액의 지급은 대한민국이 "원"화로써 이를 행한다.

(다) 이러한 지급(합의에 의한 해결에 따라 행하여지거나 또는 대한민국의 관할법원에 의한 판결에 따라 행하여지거나를 불문한다)이나 또는 지급을 인정하지 아니한다는 전기 법원에 의한 최종적 판결은 양 당사국에 대하여 구속력이 있는 최종적인 것이다.

(라) 대한민국이 지급한 각 청구는 그 명세 및 하기 (마)의 (1) 및 (2)의 규정에 의한 분담안과 함께 합중국의 관계당국에 통지한다. 2개월 이내에 회답이 없는 경우에는 그 분담안은 수락된 것으로 간주한다.

(마) 전기(가) 내지 (라)의 규정 및 제2항의 규정에 따라 청구를 충족시키는데 소요된 비용은 양 당사국이 다음과 같이 이를 분담한다.

(1) 합중국만이 책임이 있는 경우에는 재정되어 합의되거나 또는 재판에 의하여 결정된 금액은 대한민국이 그의 25퍼센트를, 합중국이 그의 75퍼센트를 부담하는 비율로 이를 분담한다.

(2) 대한민국과 합중국이 손해에 대하여 책임이 있는 경우에는 재정되어 합의되거나 또는 재판에 의하여 결정된 금액은 양 당사국이 균등히 이를 분담한다. 손해가 대한민국 군대나 합중국 군대에 의하여 일어나고 그 손해를 이들 군대의 어느 일방 또는 쌍방의 책임으로 특정할 수 없는 경우에는 재정되어 합의되거나 또는 재판에 의하여 결정된 금액은 대한민국과 합중국이 균등히 이를 분담한다.

(3) 손해배상책임, 배상금액 및 비율에 의한 분담안에 대하여 양국 정부가 승인한 각 사건에 관하여 대한민국이 6개월 기간에 지급할 금액의 명세서는 변상요구서와 함께 매 6개월마다 합중국 관계당국에 이를 송부한다. 이러한 변상은 가능한 최단시일 내에 "원"화로써 하여야 한다. 본항에 규정된 양국 정부의 승인은 제2항 (다) 및 제5항 (다)에 각각 규정되어 있는 중재인에 의한 어떠한 결정이나 또는 대한민국의 관할법원에 의한 판결을 침해하여서는 아니 된다.

(바) 합중국 군대 구성원이나 고용원(대한민국의 국적을 가지거나 대한민국에 통상적으로 거주하는 고용원을 포함한다)은 그들의 공무집행으로부터 일어난 사항에 있어서는 대한민국 안에서 그들에 대하여 행하여진 판결의 집행절차에 따르지 아니한다.

(사) 본항의 규정은 전기 (마)의 규정이 본조 제2항에 규정된 청구권에 적용되는 범위를 제외하고는 선박의 항해나 운용 또는 화물의 선적, 운송이나 양륙에서 발생하거나 또는 이와 관련하여 발생하는 청구권에 대하여는 적용되지 아니한다. 다만, 본조 제4항이 적용되지 아니하는 사망이나 부상에 대한 청구권에 관하여는 그러하지 아니하다.

6. 대한민국 안에서 불법한 작위 또는 부작위로서 공무집행 중에 행하여진 것이 아닌 것으로부터 발생한 합중국 군대의 구성원 또는 고용원(대한민국의 국민인 고용원 또는 대한민국에 통상적으로 거주하는 고용원을 제외한다)에 대한 청구권은, 다음의 방법으로 이를 처리한다.

(가) 대한민국 당국은 피해자의 행동을 포함한 당해 사건에 관한 모든 사정을 고려하여, 공평하고 공정한 방법으로 청구를 심사하고 청구인에 대한 배상금을 사정하며, 그 사건에 관한 보고서를 작성한다.

(나) 그 보고서는 합중국 관계당국에 송부되며, 합중국 당국은 지체없이

보상금 지급의 제의 여부를 결정하고, 또한 제의를 하는 경우에는 그 금액을 결정한다.

(다) 보상금 지급의 제의가 행하여진 경우 청구인이 그 청구를 완전히 충족하는 것으로서 이를 수락하는 때에는 합중국 당국은 직접 지급하여야 하며 또한 그 결정 및 지급한 금액을 대한민국 당국에 통고한다.

(라) 본항의 규정은 청구를 완전히 충족시키는 지급이 행하여지지 아니하는 한, 합중국 군대의 구성원 또는 고용원에 대한 소송을 수리할 대한민국 법원의 재판권에 영향을 미치는 것은 아니다.

7. 합중국 군대 차량의 허가받지 아니한 사용으로부터 발생하는 청구권은 합중국 군대가 법률상 책임을 지는 경우를 제외하고는 본조 제6항에 따라 이를 처리한다.

8. 합중국 군대의 구성원 또는 고용원의 불법적인 작위나 부작위가 공무집행 중에 행하여진 것인지의 여부 또는 합중국 군대의 차량사용이 허가받지 아니한 것인지의 여부에 관하여 분쟁이 발생한 경우에는 그 문제는 본조 제2항 (나)의 규정에 따라 선임된 중재인에게 회부하며, 이 점에 관한 동 중재인의 재정은 최종적이며 확정적이다.

9. (가) 합중국은 대한민국 법원의 민사재판권에 관하여 합중국 군대의 구성원 또는 고용원의 공무집행으로부터 발생하는 문제에 있어서 대한민국 안에서 그들에 대하여 행하여진 판결의 집행절차에 관한 경우 또는 청구를 완전히 충족시키는 지급을 한 후의 경우를 제외하고는 합중국 군대의 구성원 또는 고용원에 대한 대한민국 법원의 재판권으로부터의 면제를 주장하여서는 아니 된다.

(나) 합중국 군대가 사용하고 있는 시설과 구역 안에 대한민국 법률에 의거한 강제집행에 따를 사유동산(합중국 군대가 사용하고 있는 동산을 제외한다)이 있을 때에는 합중국 당국은 대한민국 법원의 요청에 따라 이러한 재산이 대한민국 당국에 인도되도록 그의 권한 내의 모든 원조를 제공한다.

(다) 대한민국 당국과 합중국 당국은 본조의 규정에 의거한 청구의 공평한 처리를 위한 증거의 수집에 있어서 협력하여야 한다.

10. 합중국 군대에 의한 또는 동 군대를 위한 자재, 수용품, 비품 및 용역의 조달에 관한 계약으로부터 발생하는 분쟁으로서, 그 계약당사자에 의하여 해결되지 아니하는 것은 조정을 위하여 합동위원회에 회부할 수 있다. 다만, 본항의 규정은 계약당사자가 가질 수 있는 민사소송을 제기할 권리를 침해하지 아니한다.

11. 본조 제2항 및 제5항의 규정은 비전투행위에 부수하여 발생한 청구에 대하여서만 적용한다.

12. 합중국 군대에 파견근무하는 대한민국 증원군대(카투사)의 구성원은 본조의 적용상 합중국 군대의 구성원으로 간주한다.

13. 본조의 규정은 본 협정의 효력발생 전에 발생한 청구권에는 적용하지 아니한다. 이러한 청구권은 합중국 당국이 이를 처리하고 해결한다.

제24조 차량과 운전면허

1. 대한민국은 합중국이나 그 하부 행정기관이 합중국 군대의 구성원, 군속 및 그들의 가족에 대하여 발급한 운전허가증이나 운전면허증 또는 군의

운전허가증을 운전시험 또는 수수료를 과하지 아니하고 유효한 것으로 승인한다.

2. 합중국 군대 및 군속의 공용차량은 명확한 번호표 또는 이를 용이하게 식별할 수 있는 개별적인 기호를 붙여야 한다.

3. 대한민국 정부는 합중국 군대의 구성원, 군속 또는 그들의 가족의 사용 차량을 면허하고 등록한다. 이러한 차량소유자의 성명 및 동 차량의 면허와 등록을 시행함에 있어서 대한민국 법령의 요구하는 기타 관계자료는 합중국 정부 직원이 합동위원회를 통하여 대한민국 정부에 이를 제공한다. 면허감찰 발급의 실비를 제외하고는 합중국 군대의 구성원, 군속 및 그들의 가족은 대한민국에서 차량의 면허, 등록 또는 운행에 관련된 모든 수수료 및 과징금의 납부가 면제되며, 또한 제14조의 규정에 따라 이에 관련된 모든 조세의 납부가 면제된다.

제25조 보안조치

대한민국과 합중국은 합중국 군대, 그 구성원, 군속, 제15조에 따라 대한민국에 체류하는 자, 그들의 가족 및 그들의 재산의 안전을 보장하는데 수시로 필요한 조치를 취함에 있어서 협력한다. 대한민국 정부는 대한민국 영역 안에서 합중국의 설비, 비품, 재산, 기록 및 공무상의 정보의 적의한 안전과 보호를 보장하기에 필요한 입법조치와 기타 조치를 취하며, 또한 제22조에 따라 대한민국 관계법률에 의거하여 범법자의 처벌을 보장하기로 동의한다.

제26조 보건과 위생

합중국 군대, 군속 및 그들의 가족을 위한 의료지원을 제공하는 합중국의 권리와 병행하여, 질병의 관리와 예방 및 기타 공중보건, 의료, 위생과 수의 업무에 조정에 관한 공동관심사는 제28조에 따라 설치된 합동위원회에서 양국 정부의 관계당국이 이를 해결한다.

제27조 예비역의 훈련

합중국은 대한민국에 체류하는 적격의 합중국 시민을 대한민국에서 예비역 군대로 편입시키고 훈련시킬 수 있다.

제28조 합동위원회

1. 달리 규정한 경우를 제외하고는 본 협정의 시행에 관한 상호협의를 필요로 하는 모든 사항에 관한 대한민국 정부와 합중국 정부 간의 협의기관으로서 합동위원회를 설치한다. 특히 합동위원회는 본 협정의 목적을 수행하기 위하여 합중국의 사용에 소요되는 대한민국 안의 시설과 구역을 결정하는 협의기관으로서 역할한다.

2. 합동위원회는 대한민국 정부대표 1명과 합중국 정부대표 1명으로 구성하고, 각 대표는 1명 또는 그 이상의 대리인과 직원단을 둔다. 합동위원회는 그 자체의 절차규칙을 정하고, 또한 필요한 보조기관과 사무기관을 설치한다. 합동위원회는 대한민국 정부 또는 합중국 정부 중의 어느 일방 정부대표의 요청이 있을 때에는 어느 때라도 즉시 회합할 수 있도록 조직되어야 한다.

3. 합동위원회가 어떠한 문제를 해결할 수 없을 때에는 동 위원회는 이 문제를 적절한 경로를 통하여 그 이상의 검토를 강구하기 위하여 각기 정부에 회부하여야 한다.

제29조 협정의 효력발생

1. 본 협정은 대한민국 정부가 합중국 정부에 대하여 동 협정이 대한민국의 국내법상의 절차에 따라 승인되었다는 서면통고를 한 날로부터 3개월 만에 효력을 발생한다.

2. 대한민국 정부는 본 협정의 규정을 시행하는데 필요한 모든 입법상 및 예산상의 조치를 입법기관에 구할 것을 약속한다.

3. 제22조제12항에 따를 것을 조건으로 본 협정은 동 협정의 효력발생과 동시에 1950년 7월 12일자 대전에서 각서교환으로 효력이 발생된 재판관할권에 관한 대한민국 정부와 합중국 정부 간의 협정을 폐기하고 이에 대치한다.

4. 1952년 5월 24일자 대한민국과 통합사령부 간의 경제조정에 관한 협정 제3조제13항은 본 협정의 범위 내에서 합중국 군대의 구성원, 군속, 초청계약자 또는 그들의 가족에게는 적용되지 아니한다.

제30조 협정의 개정

어느 일방 정부든지 본 협정의 어느 조항에 대한 개정을 어느 때든지 요청할 수 있으며, 이 경우에 양국 정부는 적절한 경로를 통한 교섭을 개시하여야 한다.

제31조 협정의 유효기간

본 협정 및 본 협정의 합의된 개정은 양 정부 간의 합의에 따라 그 이전에 종결되지 아니하는 한 대한민국과 합중국간의 상호방위조약이 유효한 동안 효력을 가진다.

이상의 증거로서 하기 서명자는 그들 각자의 정부로부터 정당한 권한을 위임받아 본 협정에 서명하였다.

한국어와 영어로 본서 2통을 작성하였다. 양본은 동등히 정문이나 해석에 상위가 있을 경우에는 영어본에 따른다.

1966년 7월 9일 서울에서 작성하였다.

대한민국을 위하여 이동원, 민부기

아메리카합중국을 위하여 딘 러스크, 윈드롭 지 브라운

3. 대한민국 국방부와 미합중국 국방부 간 결의: 전시작전통제권 전환 이후 연합방위지침

2018년 10월 31일

(목적) 2017년 양국 정상이 '조건에 기초한 한국군으로서의 전시작전통제권 전환이 조속히 가능하도록 한다'고 합의함에 따라 대한민국 국방부와 미합중국 국방부(한미 국방부)는 전시작전권 전환 이후에도 굳건한 연합방위태세를 유지하기 위한 연합방위지침을 아래와 같이 마련하였다.

(전문) 한미 국방부는 1953년 대한미국과 미합중국 간의 상호방위조약(한미상호방위조약)이 체결된 이후, 상호 신뢰와 자유민주주의, 인권, 법치라는 공동의 가치들에 기반한 한미동맹이 한반도 및 아시아 태평양 지역의 안보, 안정, 그리고 번영을 위한 핵심 역할을 수행해 왔음에 인식을 같이한다.

한미 국방부는 이러한 한미동맹의 기여가 향후에도 지속되어, 한반도에서 무력분쟁을 방지하고, 동북아에서 평화와 안정을 증진하며, 나아가 세계평화에 기여한다는 한미상호방위조약의 정신을 계승해 나갈 것임을 확인한다.

이와 같은 인식하에 한미 국방부는 전시작전통제권이 전환된 이후에도 강화된 방위태세를 유지하기 위한 연합방위지침을 다음과 같이 승인한다.

한미상호방위조약에 따른 공약의 상징으로 주한미군은 한반도에 계속 주둔하며 대한민국에 대한 방위공약을 확고히 이행한다.

대한민국에 대한 외부의 침략을 억제하고, 억제 실패 시 방어하기 위해 한미연합군사령부와 예하 연합구성군사령부를 편성한다.

연합군사령부는 독립적인 상설기구로 운용되며, 양국 국가통수기구의 공통지침을 받는 군사협의기구로부터 전략지시와 작전지침을 받는다.

대한민국의 국가통수기구는 한국군 4성 장군을 연합군사령관으로 임명하며, 미합중국의 국가통수기구는 미군 4성 장성을 연합군 부사령관으로 임명한다.

한미 국방부는 한반도에서 무력분쟁을 예방하는 역할을 수행해 온 유엔군사령부를 지속 유지하고 지원하며, 한국 합참, 연합군사령부, 주한미군사령부, 유엔군사령부 간의 상호관계를 발전시킨다.

대한민국 국방부는 연합방위를 주도할 수 있는 능력을 지속 발전시키고 미합중국 국방부는 대한민국의 방위를 위한 보완 및 지속 능력을 계속 제공한다.

대한민국 국방부는 외부의 침략을 억제하기 위한 책임을 확대해 나가며, 미합중국 국방부는 확장억제를 지속 제공한다.

한미 국방부는 연합방위태세를 강화하기 위해 전시작전통제권 전환 이후에도 정기적인 협의를 진행한다.

한미 국방부는 전시작전통제권 전환 이후의 연합방위체제가 한미상호방위조약에 따른 한반도의 평화와 안보를 더욱 굳건히 한다는데 인식을 같이하고, 한미동맹을 상호보완적이고 미래 지향적으로 발전시켜 나가기로 노력한다.

참고문헌

〈단행본〉

-강성철, 주한미군, 일송정, 1988

-국방부, 한미동맹과 주한미군, 국방부, 2002

-국방부 군사편찬연구소, 한미군사관계사 1871~2002, 국방부군사편찬연구소, 2002

-경기개발연구원, 주한미군과 지역사회 통합에 관한 연구, 경기개발연구원, 2001

-김용환, 주한미군 이야기, 잉걸, 2005

-김일영/조성렬, 주한미군 역사 쟁점 전망, 한울아카데미, 2003

-김해규·성주현·장연환, 근현대 평택을 걷다, 평택문화원, 2015

-미8군 한국군지원단편, 카투사의 어제와 오늘, 미8군한국군지원단, 서울, 1993

-박양호, 유엔군 전적비를 찾아서, 화남, 2011

-사)21세기안보전략연구원, '한미동맹 70주년과 주한미군의 역할 세미나 발표문', 사)21세기안보전략연구원, 2023.09.13.

-사)한미포럼, 주한미군 평택시대와 시민사회의 역할, 사)한미포럼, 2020

-신상범(편저), 한반도 정전에서 평화로, 한누리미디어, 2019

-육군사관학교 전사학과, 한국전쟁사, 일신사, 1987

-이건, 주한미군 취업가이드, 해드림출판사, 2015

-이중근(편저), 6.25 전쟁 1129일, 우정문고, 2014

-장승재, 판문점 리포트, 삶과꿈, 2003

-장승재, DMZ관광과 판문점투어의 전망대, 밥북, 2022
-장승재, 암행어사 박문수의 고향, 평택관광을 말하다, 밥북, 2023
-전국외국기관노동조합, 외기노조20년사1, 전국외국기관노동조합, 1979
-정경영, 전작권 전환과 국가안보, 도서출판 매봉, 2022
-정경영, 피스 크리에이션-한미동맹과 평화창출, 한울아카데미, 2020
-평택문화원, 우리고장 평택시, 평택문화원, 2015
-평택문화원/평택학연구소, 평택문화연구 제2집, 2020
-평택시의회, 평택 미군기지 실태조사 및 정책 과제 최종보고서, 평택시의회, 2020
-한미연합사령부, 연합업무 수행을 위한 미군에 대한 이해, 한미연합사령부, 1999
-합참정보본부편, 군사정전위원회편람5집. 합참정보본부 군정위단, 서울, 2001
-홍관희, 2003, 통일연구원, 「한국과 세계의 국방비 비교 연구」, 서울:월간조선사

〈논문〉

-김현기,「주한미군의 과거, 현재 및 미래」『군사논단 10호』, 한국군사학회, 1997
-권헌철, 2011, 국방연구 2011년 8월, 2054권 제2호, pp. 23-45
-유범동, 2022, 주한미군의 평택 이전에 따른 지역사회의 상생발전에 관한 연구
-윤해수, 「북한의 주한미군에 대한 입장 변화 연구」『사회과학논총 17집』, 명지대학교 사회과학연구소, 2001
-이기탁, 「한미동맹의 현실과 전망」『군사논단 25호』, 한국군사학회, 2001
-이상현, 「한미동맹 50년의 성찰과 한미관계의 미래」『국가전략 9권1호』, 세종연구소, 2003
-정세진, 「주한미군 감축 및 위상변경에 의한 관한 주요논의 분석: 남북정상회담을 전후하여」『국제정치논총 제41집2호』, 대한국제정치학회, 2001

〈기고문〉

-홍진표, 김정일의 주한미군에 대한 진심, 시대정신, 2002, 제18호

〈신문〉

-국방일보, 2016.09.28, 2022.08.04, 2022.12.14, 2023.01.26., 2023.03.23, 2023.04.27, 2023.05.25, 2023.07.27, 2023.09.21., 2023.10.26., 2023.12.28.

-경기일보, 2023.02.20., 2023.03.19.

-동아일보, 2003.07.25.

-매일경제, 2023.9.24. 〈주한미군, 연간 90조원의 경제가치〉

-문화일보, 2020.09.16.

-아시아경제, 2023.12.09.

-아주경제, 2023.04.21.

-조선일보, 2023.12.13.

-중앙일보, 2017.11.07.

-평택시민신문, 2018.07.11, 2018.07.18, 2018.07.25, 2018.08.01., 2019.01.16, 2019.01.23, 2020.10.28., 2022.03.23.

-평택시사신문, 2017.08.23, 2021.09.01.

-한국경제, 2022.05.06.

〈인터넷판〉

-뉴데일리, 2017.09.06.

-뉴민주신문, 2010.11.04.

-뉴스1, 2022.11.22., 2023.08.23.

-시니어 오늘, 2023.04.21.

-시선뉴스, 2022.12.27.

-시티저널, 2023.04.24.

-연합뉴스, 2022.08.20, 2022.12.27., 2023.04.14.

〈주간지 및 월간지〉

-뉴스플러스, 1997.07.31., 1999.04.22.

-미래한국 Weekly, 2017.06.19.

-월간 말 1993년 12월호

-월간 군사세계 1997년 9월호, (사)21세기군사세계연구소

-월간 군사세계 2002년 10월호 (사)21세기군사세계연구소

-월간 밀리터리 2003년 4월호, (주)디펜스타임즈

-월간 밀리터리 2003년 6월호, (주)디펜스타임즈

-월간 밀리터리 2003년 9월호, ㈜디펜스타임즈

-함께 사는 길 2001년 9월호, 환경운동연합

〈기타〉

-나무위키

-네이버검색

-위키백과

-평택시청 홈페이지

-www.army.go.kr/koonin

-평택역 오폭사건 학술토론회 자료집(2023.06.02.)

-한미동맹 70주년과 주한미군의 역할 세미나 자료집(2023.09.14.)

-향토문화전자대전(www.grandculture.net/)

주한미군 허브

평택의 캠프 험프리스와 오산 에어 베이스

펴낸날 2024년 3월 11일

지은이 유범동, 장승재
펴낸이 주계수 | **편집책임** 이슬기 | **꾸민이** 박효빈

펴낸곳 밥북 | **출판등록** 제 2014-000085 호
주소 서울시 마포구 양화로7길 47 상훈빌딩 2층
전화 02-6925-0370 | **팩스** 02-6925-0380
홈페이지 www.bobbook.co.kr | **이메일** bobbook@hanmail.net

ISBN 979-11-7223-002-9 (03390)